掌故逸闻

紫禁城的小掌故

紫禁城是北平全城的中心，周围六华里见方，四面各有一座城门：南叫午门，北叫神武，东叫东华，西叫西华。

紫禁城自从宣统出宫，成立故宫博物院，大家就叫它"故宫"了。故宫是中国有名的建筑，建筑艺术水平很高，在全世界建筑界都占有极崇高的地位。过去曾有人形容它是"鬼斧神工"。北平民间传说，说它是明代刘伯温设计监造的，而且有神仙帮助，并且把刘伯温也形容成亦人亦仙的人物。

根据史书的记载，明初兴建故宫主要的设计人有杨青、蒯福，负责施工监工的有冯巧、徐杲、陆贤、张祥、阮安（当时交趾，现在越南人）、蒯义、蔡信等有丰富经验的优秀建筑工匠，历时十四年才全部完工。到现在已经五百六十年，明、清两朝一共有二十四位皇帝在故宫里住过。

天安门前的石狮和华表

天安门在明成祖迁都北京的时候建立，命名"承天之门"，朱色宫墙，中间耸立一座黄瓦飞檐、紫宸丹阶、庄严雄伟的三层九洞城楼。落成不久，忽然不火自焚。钦天监查奏，整座紫禁城都在正子午线上，午火太旺，要在御花园真武玄天大帝殿前加筑一道天一门，天一生水，就可以收水火既济之功啦。后来明宪宗重新修复，改称承天门，果然在真武殿前加了一道天一门，用来震慑午火。

闯王李自成攻陷北京，在承天门前棋盘街跟明将李国桢血战一场，把承天门又纵火烧毁，天一真水仍旧没能压住强烈的午火。闯王从承天门进入皇宫之前，祷告上苍，如能荣登九五，从承天门一箭应当射入五凤楼，结果他弯弓一矢，射中了御河桥畔右边石狮子左胁，箭镞深入四五分，箭眼四周还有火燎的焦痕。当年闯王所用的长箭，箭镞上想必敷有火药，不然再大的膂力也不会有一箭穿石、箭眼烧焦的道理。

到了清顺治年间才重新改建，改名天安门。天安门有两对华表，金水桥前一对，天安门里城楼还有一对，都是用中国特产汉白玉石做的，浑圆挺健，直上云表。通体雕刻着绕柱盘龙，顶端横贯"朵云"，柱头承有石盘，各踞坐着一只叫作"犼"的异兽。天安门里的犼面向北，称为"望君出"，是表示它在那里等待君王由后宫出来升殿亲理朝政。天安门外的犼面向南，称为"望君归"，是表示它等待君王外出还朝。石柱底部有绊缬耀彩八角形石座，四面用石栏围绕，也都刻满蜿蜒缭绕的行龙，满洲话叫"飞丹"，就是宫殿前所陈设的仪仗的意思。

传说在汉代华表也叫"桓表"，本来是木材做的。柱头的上端横贯十字木板，竖立在驿站桥梁前面，给行人指点方向。从远处看，横贯十字木板很像一朵大花，所以又叫"华表"。还有更远的传说：在唐尧时代，帝尧为了纳谏，曾设立诽谤木，作为征求大众意见的地方，后来年深日久才演变成华表的。

午门的大典

作为故宫正门的午门，是一座高大雄伟的门楼，建筑得谨严闳肆，渊穆雍容。当年在楼中设有宝座，左钟右鼓，每逢皇帝临朝视事，楼上就钟鼓乐之，以壮威仪。这栋楼下是一个反"凹"形汉白玉的月台。台上正中就是门的正楼，面宽九间，重檐"四阿"顶，月台的四角，各有一座重檐的楼，和正中的楼合起来，一共是五座楼阁式的建筑，因此才叫作"五凤楼"。这五座楼之间都有阁道相连，成一整体。五座楼的屋顶一律铺的是黄琉璃瓦，檐下斗拱、梁枋和室内藻井天花，都是明漆彩绘，奇矞复绝，据说是全国宫殿建筑最大的一座门楼。

午门前面的广场异常宽敞，逢到朝廷有荣典覃恩圣旨下来，表示隆重，都在午门颁发。遇有征剿胜利班师还朝，也在午门楼上由皇帝亲临，举行"献俘"庆功的仪式。当年明武宗朱厚照生擒叛逆的宁王南昌朱宸濠，就在午门楼上举行过一次空前盛大仪式。

明清两代，为了显示皇家尊严神秘，午门、端门、天安门、中华门（明代称大明门，清代称大清门，民国改为中华门）都列为禁地，平日宫门深扃，不能随便开启。皇帝每年冬至要到天坛去郊天，夏至要到地坛去祭方泽，孟春祈谷，皇帝到先农坛耕田，皇帝御龙衮袍服，率领侍从文武百僚，前呼后拥的锦幄仪仗，才大启中门鱼贯而行，以示隆重。此外皇帝御驾征讨要出午门、天安门祭纛。皇帝大婚，皇后的凤辇也要由中华门经天安门、午门进入内宫。所以当年同治的嘉顺皇后一来就跟慈禧说，奴才好歹是从大清门抬进来的，这句话对慈禧来讲，是最犯禁忌的。

在午门、天安门还有一项最重大的典礼，就是"颁诏"。国家遇有庆典，例如皇帝登基、册立皇后，都在天安门堞口正中设立"宣诏台"，此时文武百官耆老重臣，一律跪在金水桥南，由一只沉香木雕镂绔绣焕彩的金凤，口衔诏书徐徐下降，由礼部尚书托着"朵云"承受，立刻驰送礼部用黄纸誊写，诏告天下，这就是所谓"金凤颁诏"。至于大众平常听到推出午门斩首，这是说书讲古一句戏词儿，明清两代杀人，都在顺治门外菜市口，午门之外岂有杀人之理呢！

明清以来，殿试考中的进士，要在天安

门左门外张贴黄榜。殿试传胪唱了鼎甲名次后，礼部官员捧着黄榜，从御道走出午门，把黄榜供在彩扎的龙亭之中，然后由鼓乐仪仗引导到长安左门外，在一席用芦席现搭成的"龙棚"内，高贴黄榜，由钦点状元率领新科进士入棚看榜。看过榜，由顺天府尹给状元等插戴金花，披上大红彩绸，再到顺天府尹衙门饮宴，这就是成为金殿传胪、一举成名天下知的新贵了。依据"鲤鱼跃龙门"的俗语，科举时代，大家都把长安左门叫作"龙门"。有功名的人家，男孩儿开蒙上学校，大人总要带着长安左门走一趟叫"跳龙门"，说是将来科场得意必定高中。

坤宁宫的子孙袋

内廷的位置是象形天地而建筑的，所以乾清宫后面有交泰殿、坤宁宫。这是寓天地之交泰的意思。皇帝的玉玺、后妃们册封，当年都是存放在交泰殿里的。坤宁宫正殿是祭杆子拜神的地方。东暖阁则是皇帝举行婚礼的洞房。殿上除了供奉神像外，还有一座小佛龛，龛内供着一位绿衫红裙汉装妇人，那就是大家都听说过的"万历妈妈"。可是在喜床后面墙上还供着一座木偶，宫里称她为"王妈妈"，据说是送子妈妈。在她面前，还挂着一只织锦的大荷包，又叫"子孙袋"，袋里放的都是小孩戴过的金锁片，这些锁片都是清朝历代皇帝小时候戴的。因为这座木偶有帐子挡住，大家不太注意罢了。

内宫的路程

凡是逛过北平故宫的，走过天街御路深宫长巷，大概总看见过成双论对一人多高的石座宫灯吧。在我们猜想帝国皇都，夜幕初张，必定是星编珠聚、明灯煌煌的了。谁知内廷入夜除了正宫别殿炫炫晃曜，独照万端之外，其余各处昏昏暗暗一片漆黑。

据说故宫的路灯，在明代本来是用油灯来照明的，并且还有灯官，按冬夏时暑长短，订定上灯熄灯的时刻，专司其事。到了明熹宗时候，宦官魏忠贤跟熹宗乳母奉圣夫人互为表里，擅专朝政。为了便于他深夜出入宫禁，避免旁人指摘，于是宫中各处禁止燃点路灯照明。到了清代，仍沿旧习，除了朝房以外，都没有灯火。大臣们早朝，天尚未亮，只好摸着黑儿走。只有晋爵亲王郡王的才有灯火引路，也只能到景运门、隆宗门为止。有一年恰巧遇上狂风骤雨，有一个书办在黑暗之中竟然跌入御河里淹死了。这也是宫里不点路灯的一个小插曲。

御花园里钦安殿

宫中有两所花园，一是坤宁宫后边的御花园，一是故宫外东路西侧的乾隆皇帝的花园。乾隆做满了六十年古稀天子、让位给嘉庆以后，自命"十全老人"，就在这座花园颐养天年。乾隆花园建筑历时二十年才完成，它的特色是在不大的地方设置了若干景致，气郁苍茏，清丽静穆，颇能引人入胜。但是囿于地势，地方不够宽广，而皇帝要求又太多，虽有良匠也无法展布所长，因此这座花园里太湖石虽然山势崔巍，嶙峋棋布，但整个布局则显得堆砌局促，有不够流畅的感觉。

故宫御花园凡是去逛过的人都有一同感，除了绛雪轩一带云房水殿，丹腹彩绘，瑶台清照，是官家小宴一个好去处外，其余的亭台阁榭，雕栏花槛好像布置得都毫无章法，令人诧怪。据一位老宫监说："御花园里中央松柏参天有一座重檐方脊、顶安渗金宝瓶的钦安殿。殿里供奉的是真武玄天上帝。在殿院的地上，东西走廊下，一边有一只巨大足印。相传在明朝时候，一个夜里忽然宫里起了大火，玄帝突然显灵，曾站在院里救火，脚印便是他留下来的灵迹。明朝历代皇帝不是敬神佛，就是信黄老，一切庭园布置都碍于钦安殿在园子中央，所以都杂乱无章。到了明思宗崇祯皇帝虽然崇尚西法，不信鬼神，在崇祯五年（1632），曾把宫里各处许多佛像一律移到旁处，可是唯有玄帝的神座仍然供奉在钦安殿里。从明到清五百年来，钦安殿的香火一直没有间断过。"从老宫监的一番话才知道御花园的杂乱是有来由的。

永和宫的钟表

乾清宫和坤宁宫，是象形天地的。在它们两旁，各有六宫，这十二宫象征着天上的十二星辰。东六宫是景阳、钟粹、承乾、延禧、景仁、永和。西六宫是启祥、长春、翊坤、咸福、储秀、永寿。清代的皇后、妃子、皇子、公主，都分别住在这十二宫里。

清廷逊位、宣统尚未出宫的时候，因为

宣统年幼，内廷的一切事务，胥由端康皇贵妃全权主持。端康原住长春宫，因为永和宫殿宇宽敞，就迁宫永和。经过油漆粉刷过的永和宫自然显得比其他宫殿明净耀眼，等到紫禁城开放，就把永和宫辟为钟表陈列室了。

宫里钟表，多如星海，驰名中外的十七世纪英国制造的镀金座钟，楼下小人能写"八方向化，九土来王"，楼上两个小人扯开一个手卷，上写"万寿无疆"四个小字。这座钟原来陈列在三大殿，未便移动，其余凡是造办处专为皇帝制造的精巧珍奇的钟表，都集中永和宫展览。

造办处所制造最大的钟是更钟。这个一丈多高巨型座钟是没有发条的，要走一段楼梯到钟面上绞动几个数十斤的铅铁锤，才能让钟走动。白天，它用响亮的钟声打点报时；夜晚，它用悠长柔美的音响报更。随着钟上标志的变更，它能在任何季节，把长短不同的黑夜分为五等份，这个钟造成之后，同时代替了几千年的日晷对时和夜间的更漏。不过造办处自乾嘉以后，国势日蹙，就很少制造奇技精巧的钟表了。

还有一座广东制造的"广钟"，除了能够标明时分秒之外，在钟上还能指示出农历的节令，中国传统星宿的命名——二十八宿列星的变化，四个季节地球赤道斜度的不同，以及日期、月份、星期等。钟的顶上有一小亭，里头有一朵三变花，交时交刻都能变化不同的花式，同时还能响起不同的音乐、不同的鸟鸣。

欧洲有一组参观团，到北平之后，当然要逛逛故宫，其中有几位是钟表业高手专家，看到那些广钟，不但感到诧异，而且得到了不少启发，认为这些工匠技术都是超特级的。在永和宫还陈列着一座金色的"象驮战车"钟。它在交时的时候，前面满披璎珞的大象，忽然动起来，鼻子和尾巴不停地摇摆，眼睛也在转动。缓缓地拖着一辆纯粹英国古代手车，车上的武士挥舞宝剑、盾牌，车厢里面发出阵阵进军鼓乐。这辆象拖战车，每一小时走一次。

据考古家福开森说："依据英国文献记载，象拖战车是英国一位巧手钟表工匠哈姆雷特，穷毕生心力研究制造出来的，一共两座，全都呈献英皇。英皇把一座作为报聘礼物，送给乾隆皇帝，另一座就在宫中玩赏。后来机件失灵，哈姆雷特去世，没人会修，只得报废。想不到送给中国的一座，倒还依时报刻，活动照常。"

其实在清代乾隆、嘉庆两朝，从英、法、比、瑞等国输入的钟表，因为北平气候特别干燥，加之清代帝王对于钟表都有偏爱，造办处又派有专人每年加油保养，经过两百多年时间，走起来都很正常，极少有失灵的事发生，所以这些钟表都已成了稀世之珍，就连各国原产地，也很难见到这样的产品了。

此外，永和宫还陈列着不少八音盒，也

是非常有趣的。有的能演奏十几套乐曲，表达出钢琴、提琴、喇叭、洋笛、锣鼓、铃、板等声音。最妙的是有一只八音盒用西洋乐器演奏北平旧日小曲《妈妈娘你好糊涂》的调子。每逢故宫东路开放，真有人赶在十一点到永和宫听听西乐伴奏的中国小曲。

中南海的掌故

中南海在清代的时候叫西苑，是中海和南海的总称。中海的范围比较小，又和南海毗连，所以后人就把两个海合称"中南海"。中南海里边，有不少富丽堂皇的宫殿，如居仁堂、怀仁堂、紫光阁等。怀仁堂原名佛照楼，就是历史上有名的仪鸾殿旧址。仪鸾殿是光绪十四年（1888）建筑完成，原是给慈禧建的避暑夏宫。光绪二十六年（1900）拳乱，八国联军侵入北京，联军统帅瓦德西就住在仪鸾殿，将殿内宝物珍玩洗劫一空，又用掩耳盗铃的手法,把仪鸾殿付之一炬。后来慈禧从西安回銮,又在仪鸾殿原址重修了一座宫殿,命名佛照楼,比起当年的仪鸾殿更见典丽高华。当时有人咏佛照楼云:"天半灯摇紫电流,玲珑阁殿仿欧洲。却因一炬西人火,化出繁华佛照楼。"辛亥革命洪宪窃国,把佛照楼改名怀仁堂,因楼宇轩敞,布置秾缛新丽,又有一座富丽豪华的舞台,于是怀仁堂改为接见外宾、元旦受贺的公廨。当年余叔岩担任公职,就是在怀仁堂当差。民国初年,总统府每年总有几次盛大堂会,九城名角网罗靡遗,行头都是崭新的,戏码更有意想不到的安排。当时北平人认为能进中南海听一回公府堂会,不但大开眼界,那简直是至高无上的享受。

紫光阁,原是明武宗的平台旧址。平台是明武宗时代检阅卫士们跑马射箭的地方。因为平台在太液池边,每逢五月端午,皇宫便在平台欣赏内侍竞赛龙舟。到了清乾隆年间才废台建阁，题名紫光。每逢旧历正月十九日，乾隆就在此阁设功臣宴大宴勋旧，因此前人所咏紫光阁诗，有"紫光台阁比凌烟，自古奇勋在定边"。此公可算把乾隆的心事猜透。清代梁章钜在他的《南省公余录》曾经记述，紫光阁落成后曾在那里举行过两次殿试，究竟是哪两科，因手边无书，没有法子查明了。

隆宗门的铁箭镞

凡是逛故宫西路，经过军机处的，都要往屋里瞭望一下。如果不经导游说明，谁也不相信这几间仄隘的光线不足小屋，就是晚清百余年研订军国大计的处所。

军机处就在隆宗门里，后进正中的就是养心殿了。隆宗门右边抱柱上面，插着几枝三尺多长铁箭镞。据说嘉庆十八年（1813）天理教徒有个叫林清的，趁着仁宗出猎热河围场时，勾通几名内监，袭击宫城，由东华门、西华门分成两路进攻，西路攻击猛烈，守卫不支，直扑隆宗门。但这个时候隆宗门已经紧闭，林的部众打算爬过宫墙，攻夺后宫。这时旻宁（后来的道光）还是皇子，率领侍从守在养心殿，用鸟枪应战。弹药不足，他急中生智，把马褂上的铜纽扣摘下来当子弹射击，居然把林清击退。隆宗门柱子上几支箭镞，就是当年的战迹。后来祸乱敉平，嘉庆谕知内务府，隆宗门上铁箭镞永久保留原状，以示后世子孙知所儆惕。

中南海没有榆树

中南海树木蓊郁，而且各种树木应有尽有，非但是中国花木俱全，就连日韩、南洋、欧美各国新奇的花草，也都广事搜罗，种在那里。然而，最奇怪的是：中南海地方那么大，树木那么多，可是走遍了中南海，却找不出一棵榆树来。

追究原因，这里边确有一段有趣的故事。

原来榆树是一种高大乔木，每到春天，树上便长出榆荚来。榆荚就是榆树上所结的种子，一片片的丛生一起，因为它的样子是圆的，很有点像古时的小铜钱儿，所以北方人又管它叫"榆钱儿"。因此榆树在北平人心目中是一象征吉祥财富的树木。

可是榆树每到春末夏初，树上生一种毛毛虫。这种毛毛虫，周身长着很坚硬的细毛。倘若是人在无意中碰到它，便会被它身上细毛刺痛。据说当年有一天，慈禧太后在中南海里赏花，当她从一棵老榆树下经过的时候，有一条毛虫正巧掉在她身上，当时她自己跟那些宫眷命妇，谁也没有发觉到这条小毛虫，直到太后的手被毛虫螫痛。大家一追查小毛虫的来源，结果找出小毛虫是从榆树掉下来的，为了避免今后再发生这种事情，于是把中南海里所有榆树砍光。一直相沿下来，中南海里什么树木差不多都有，唯独没有榆树。

太庙换土种树

天安门左边是太庙，右边是社稷坛。民国肇建，太庙改为太庙公园，社稷坛改为中山公园。太庙在明代本是皇室家祠，初建于明代永乐年间，当时庙堂高耸，檐牙磔竖，可惜就是没有树木点缀其间。永乐皇帝就指饬在庙内广植松柏，希望铁干苍麟，郁郁森森，显出宗祠的渊穆冲和。不料种植的乔木，玉骨轻盈，锁蹶枯索，无一成活。永乐大怒之下，便把监工花匠一律治罪。

后来再植、补植，依然枯萎。最后经过有关人员详细研究，才发现太庙土质是砂砾地，种植树木根本没法向荣。于是下令"换土"，把皇城东北角的民房拆去，将地基上的好土挖出倒在太庙里，再把太庙的沙砾土挖出来，倒在民房基地上。如此一拆换，太庙的土壤固然好了，然而地安门以东、东安门以北一带的民房，变成了大沙堆。后来北京大学校本部红楼所在地叫"沙滩"，就是换土以后改名的。请想皇城附近既无河流港汊，哪里来的沙滩？史书上虽无记载，相信这种传说，可能不假。

太庙里砂砾全部换成壤土，朝廷官员们为了讨好永乐，便向皇帝说："陛下洪福齐天，花匠全靠主上洪福，陛下如果先种一株，种后花匠跟着种，树一定能活。"永乐帝试种一株龙柏，让大家随后跟着种，这次种的果然全种活了，爱拍皇帝马屁的文武百官都说是"万岁爷洪福感召"。永乐帝自然龙心大悦，把自己种的树封为"树神"。

民国初年清史馆一席设在太庙两庑，当时馆长是赵次珊（尔巽），他由总督内调尚书，曾扈从太庙致祭。他说："琉璃门西边种第一行第一株气势雄伟、矫若苍龙的柏树，就是当年永乐手植的树神。明清两代皇帝祭太庙时，都在这株树两边下轿，表示对树神的崇敬。"

　　明思宗时候，李自成攻陷北京，棋盘街之战，太庙也遭焚毁。到了清代初年又加以重修，前殿是明十一间，暗四十四间。就前面十一间，后面四层勾连搭，共四十四间。这四十四间大殿的梁柱木料，都是最珍贵的沉香木，其余的建筑材料也都是金丝楠木。

　　太庙也成了清代供奉神主的地方。太庙金水桥边，琉璃门外，宫苑隐隐万木涌翠，北平有名的候鸟灰鹤，每年春来秋去，数百年从未改易。

紫禁城的小掌故拾零

养心殿和三希堂

上次写紫禁城小掌故忘了谈谈养心殿了。养心殿原是明代的建筑，雍正时候把这座殿大兴土木加以修缮，抽柱换梁形同改建。养心殿在内廷地势非常之好，内近永寿、翊坤、延禧、储秀、长春、咸福、康华西区各宫。

每逢重大庆典，如庆贺元旦，皇帝登祚，帝后万寿，颁发诏书，遣将出征，抢元大典，都要在太和殿（就是俗称的"金銮殿"）举行隆重仪式。从养心殿出月华门或隆宗门都离太和殿不算太远，所以雍正以后历朝皇帝就常在这座殿堂里召见大臣，引见官员，甚至于小型的庆典赐宴也在这里举行过。辛亥革命后御前会议清廷下逊位诏书，签订优待皇室条件，结束了中国几千年君主制度就是在那里举行的。

养心殿有东西暖阁，西暖阁是皇帝批阅奏折的地方。墙上挂着当时全国各省四品以上文武官员出身衔名牌。为避免侍从人等偷看，所以在名牌外面又加装一道活动木板墙，平时加锁遮盖起来。乾隆对字画碑帖是有特别爱好的，既然喜欢在养心殿办公燕息，于是将王羲之的《快雪时晴帖》、王献之的《中秋帖》、王珣的《伯远帖》等稀世珍宝，都庋藏在西暖阁内室，这间内室命名为"三希堂"，著名的《三希堂法帖》就是因此而得名的。

据说乾隆爱梅有癖，当时在屋外栽植了不少异种梅花，起名叫"梅坞"。道光是清代最简朴无华的一位皇帝，即位之后不但把梅坞废了，而且把屋内窗棂隔扇上那些缔绣婉约的梅花雕饰一律拆除，更换其他式样花。据传说道光备位皇储时期，有一段伤心恋史，与梅花有关，以致终生厌恶梅花，所以他的起居地方当然不要梅花式样，以免触景伤情了。说者如此，咱们就姑妄听之吧。

养心殿东暖阁是皇帝斋戒时的寝宫。光绪幼年，慈禧就在西暖阁垂帘听政。养心殿后殿，东边"体顺堂"，是帝后内廷里临时寝宫；西边"燕喜堂"，是妃嫔们憩息处所。东西两殿虽然不属于正式内宫，可是仅注起居，可以比照行宫一切从简，所以有些皇帝都爱在此暂住。宫监们私下里耳语，也管体顺堂叫安乐窝呢！

永和宫的更钟、广钟

永和宫所存的外国钟表，大部分是清代乾隆、嘉庆时输入的英、法、瑞士产品。历经二百多年，这些东西已成了稀世之珍，就连原产地也不一定能找到这样技巧惊人的钟表了。永和宫东配殿有座更钟，西配殿有座广钟，凡是到故宫参观钟表的大众，对这两座钟可能都没十分注意，其实这两座钟才是咱们中国人的杰作呢。

东厢的更钟，是一座一丈五尺高、由造办处制造的巨型座钟。这座钟不用发条，要循着扶梯走上钟楼，绞起几个几十斤重的铅锤，钟才走动。白天它用响亮的钟声打点报刻，夜晚它用悠长的声音报更。最妙的是随着钟上标志的变换，它能把任何季节的昼夜长短分得毫厘不爽。有些外国钟表专家看了之后，认为在那个时代，有如此精算术理，也佩服得五体投地。这座兀立在东配殿看着不十分显眼的更钟，谁又知道，有了它，才把几千年来夜间更漏报时取消呢！

西配殿也有座高高的广钟，据说是广东制造，由一位两广总督呈献的，仅仅运费跟押运官弁、技工的盘缠就用了上万两银子的开销。这座广钟，除了标明时、刻、分、秒之外，在钟面上还能指示出农历的二十四个节气，中国传统的星宿的命名——二十八宿列星的变化，春、夏、秋、冬四个季节地球赤道斜度的不同，以及日期、月份、星期，等等。钟的顶上层是一座镂凿精细、镀金框、四面镶嵌厚水晶的亭子，亭子里有一朵三变宝石花，交时交刻不但花朵能够变化，而且底座有一套小机器，交时交刻会响起群籁竞奏音乐和百鸟朝凤的禽鸣。在两百年前居然有那种复杂精确的技艺，难怪欧美人士到故宫参观也都叹为观止。

光绪的瑾贵妃原来是住在咸福宫的，清廷逊位之后，宣统年幼，宫里一切都由瑾贵妃主持，当时内务府大臣那桐、世续、绍英、奎俊一班人认为，永和宫是康熙年间重建的新宫，玉宇璇阶，轩敞美备，改建后是座吉祥宫（没有帝后妃嫔在此宫身故），所以力劝瑾贵妃迁宫。瑾贵妃在永和宫住了将近十年，在宣统出宫前不久，瑾贵妃就在永和宫里病逝。梓棺寂居宸宫，一直未能复土安葬，后来经过清室善后人员多方交涉，才把瑾贵妃灵榇发引出宫附葬西陵。故宫开放之后，才把永和宫辟为钟表展览室的。

造办处

内务府的造办处，就等于现在政府的工务部门，处里是五行八作网罗靡遗。当年奎俊（乐峰）虽然是翰林院出身，可是他曾任内务府大臣。他接任之初，很想把内务府内部好好整顿一番，尤其是造办处鱼龙混杂，在乾隆时期各色人等有八九百人之多，就是到了同光时期还有五百之众。玉器作（雕磨新旧玉器）、铜器作（铜器工艺、响铜、亮铜、仿古锡器）、牙子作（门窗桌椅花牙子）人手最多，约占半数。最妙的是砚工、墨工，也各有十名在处里当差。

据说清宫里有一个不成文的老规矩，就是阿哥们从开笔描红摹字起，一直到幸承大统即皇帝位，都得用未经使用过的新砚台研墨。每一位新主登基，内务府就得着造办处置备大小二三十方端砚，专供新皇帝使用。也就是前一位皇帝使用过的砚台，续承大统的嗣君绝对不准使用，当然历代相传的古砚不在此限。砚石出在广东的端州、安徽的歙县。砚工的手艺自然也以端州、歙县最为高明精细，可是造办处的砚工不断制造新砚，修整古砚，见多识广，所以造办处制的砚台不但闳肆昳丽，而且渊懿秀逸。早年进京的试子如能得到一方，无不视同瑰宝，必定高中无疑。自从造办处撤销，这般老砚工不愿南归，大都流落到了琉璃厂各大笔庄，仍操镌制修理生涯。笔者曾看过陈石遗前辈得了几块端石，经造办处的砚工之手琢为端砚，雕云九彩，螺眼呈斑，名手镌裁确实不同凡响。

　　至于造办处的墨工来源，谈起来也是历

909

史悠久了。据传，沅叔丈（增湘）在中国画会演讲谈到古墨，说在魏晋时代写字才发明墨丸，制墨工艺最早是河北易县、定州制的墨最好，到了南唐，歙州李庭珪父子把制墨工艺集其大成，歙、徽、婺源制的墨统称"徽墨"，其名乃彰。易县、定州虽然是墨的发祥地，反而渐渐湮灭没人知道了。乾隆年间，一次清理内库文房，发现明代遗留下来的碎烂古墨，都是些缤彩黝柔、不可多得的精品，乾隆认为弃之未免可惜，于是发交造办处重新筹造。而造办处素来没有这类工匠，只好派专人南下徽州，重金招聘一批墨工高手，进京承应。结果制出的墨确实堂皇典雅，于是各镌嘉名，不过墨工在边框上各镌有"再制"两个极小的楷字以资识别。这种墨比清代制墨品质都高。后来有一部分流散坊间，金拱北、周肇祥两位画家曾出重金收购，这批再制古墨落入他们两位手中的，为数不少。所以这批墨工也就成为造办处固定名额啦。

古月轩洪宪瓷

另外有一个古月轩，是专门制造小件精细瓷器的。乾隆对于古月轩非常重视，关于设计、材料、式样、用料，皇帝时常亲临指点，弄得造办处官员手足无措，一些工人时觐天颜，无形中古月轩变成乾隆自己指挥。乾隆年间古月轩产品，就拿鼻烟壶来说吧，底足连一个沙眼都不容易找得出来，可见当初品质管制是多么严格精细了。

袁项城妄冀非分，强谋帝制，改元洪宪。有清宫内监讨好项城，告诉他古月轩有一批已领未用的宝石料子，项城席卷库存，烧了一批洪宪瓷，温润缜密，光泽透明，中外藏瓷名家争相搜求。其中精品比康熙、雍正名窑产品价值更高，料子考究，手工细腻，当然受人欢迎啦。

如意馆

如意馆成立之初也隶属内务府，可是不列入造办处，因为如意馆有点儿像前朝的画苑，承值的都是些能书善画的词臣学士，可是擅长描绘的画工也不在少数。因为历代皇帝尤其是乾隆时常临幸召对，所以如意馆等于皇帝自己指挥。

我们逛故宫各处宫殿，时常看见皇帝宸翰，后妃御笔，一笔的龙虎，工笔的福寿，前后窗户总要挂几方裱好木框洒金笺的春联。绘画方面以屏幅为多，不是大青绿的岁寒三友，就是工笔着色的四季花卉，奇怪的是山水人物则少而又少。乍看那些字画，论字不管是哪位后妃写的都是凝厚纯正，端严委婉；看画无一不是清新华贵，色彩柔丽。总认为妃耦宫闱果然文秀质雅，卓越天生。

其实字不论大小，体不分真草，全是如意馆供奉把字写好，由巧手工匠做成双钩粉漏，印在纸上的，写字的人只要墨饱笔酣照粉漏一描，立刻就是一幅精品。至于绘画比写字还要简单，整幅画面布局着色，完成八九并且裱好，画面仅仅留下一枝半叶没有着色，再不然就是用藤黄点点花蕊，胭脂描描花瓣，就算大功告成，可以颁赐臣下了。

至于真有天寰圣明、才华并茂的皇帝或后妃，兴之所至亲笔法书绘画，可以说少而又少，谁要能得到一幅，那就太难得，可认为是稀世之珍了。

当年每逢端午，有些王公大臣荣膺懋赏，颁赐御笔"恨福来迟"朱砂判儿，那是整幅画儿早已画好，留着判官双睛未点，"恨福来迟"的蝙蝠未画，朱砂笔两点一勾，判官的双睛灵光闪闪，蝙蝠神采飞扬。如意馆在这幅画儿，确实下过点工夫。民国二十年前后，一幅御笔朱砂判儿古玩铺碰巧还能买得到，可是至少也要十个银圆才能成交呢。

如意馆留在外间字画很多，抗战胜利之

后北平东城一带小古玩铺，还有慈禧、光绪御笔的龙虎字，不过价钱就高得吓人了。

御药房

清代御药房原来隶属太医院，自入民国，太医院撤销，御药房只好并入内务府。御药房组织原来非常庞大，拥有官员司工役一百七十多人，并到内务府后缩减到三十人。药房主要工作除了煎煮汤头水药之外，并且配制各种丸散膏丹，还有夏令所需的各种暑药，如卧龙丹、保健丹、平安散、避瘟散、通关散、八宝紫金锭、加料万应锭之类，其中的紫金锭、万应锭更为名贵。紫金锭有双鱼、吉庆、八仙、福寿字、八卦、双喜，花纹细致，形态古雅，式样繁多，暑天用丝绳串起来，给小孩挂在二襟上，可以随时取用应急。万应锭南方叫"金老鼠屎"，主药是古墨。

清宫藏墨甚多，所制万应锭墨古老，金

箔厚，当然药效比起市面药铺卖的要高明多了。当年大栅栏京都同仁堂的万应锭，粒大如绿豆，也掺有古墨，可惜外面裹的金箔太薄，花花斑斑极为难看。阜成门大街的琪卉堂的万应锭也很有名，虽然金光缭绕，可惜墨质欠佳。御药房制品颗粒大小的确像老鼠屎，外裹金箔特厚，古墨性凉，金箔化痰，南人北来每每托京里人代为搜罗一两瓶带回珍藏，遇有小儿惊风抽搐，方敢服用。讹传多服冷精，可能不孕。其实北平小孩视万应锭为平安药，稍觉上火就吞服十几二十粒祛火克食，也没听说谁家小孩吃多了万应锭得了不孕后遗症的。

御药房每年二月初二龙抬头的日子，照例盘点库存清扫一次，凡是残损霉变的药材，一律论斤卖给东华门的永安堂。永安堂知道每年御药房扫出来的库底，其中不乏珍贵异常的药料，于是在每年药王孙思邈诞辰四月二十八日前夕，把御药房的库底，拿出一部

915

分来熬成一大锅膏药，起名百效膏，百病全治。一大枚铜钱两贴，天不亮就有人排队等着啦。一出太阳就都卖光，要买只有明年今天请早光顾了。

江苏扬州有一位大盐商闹无名肿毒，有人送了他几贴百效膏，果然贴上之后其效如神，于是把百效膏看成万宝仙丹。有一年笔者有扬镇之行，特地托我买两百块钱的百效膏带到扬州，准备跟夏天的暑汤、暑药一同施舍。当年两百块钱的百效膏整整塞满了一大皮箱，还是托人才能买那么多贴。

车到镇江后，准备换船过江，镇江关的关务人员验关，开箱一看，一整箱都是膏药，他怀疑一个人买那么多膏药做什么，可能其中夹杂有黑货鸦片，坚持不能放行。后来还是扬州方面有人赶过江来关说解释，才免于查扣。从此京都永安堂的百效膏在扬镇算是出了名啦，每年都要大批买去施舍。一直到抗战，大概御药房的库底也掏光啦，虽然永安堂仍然有百效膏卖，大家都说后来的百效膏药效迥不如前了。

御膳房

御膳房虽然隶属内务府管辖，其实也不过是负责总理采买、分配、添购器皿、工役的管理而已。至于每天菜式的调配，口味的咸淡，因为掌宫首领太监三餐传膳，都随侍在侧，所谓天颜有喜近臣知，哪一位主子嗜辣恶甜，喜淡厌酸，他们都摸得一清二楚，内务府乐得少担责任，久而久之，这些工作索性就由太监们操持安排啦。

御膳房有句金科玉律的话："宁生勿烂，宁淡勿咸。"依照宫中定制，每桌的碗盘件数都是按品级规定的。皇帝、太上皇、皇太后的菜品是一百零八样，皇后是九十六样，皇贵妃是六十四样；至于妃嫔、皇子、格格们也有一定的样数，由御膳房往各宫分送，谁也不能乱了规矩。

宫与宫之间最近的也在一里之外，御膳房厨灶总难免烟熏火燎，所以距离帝后进膳的地方，也不会太近。就拿皇帝一百零八样菜说吧，甭说吃，就是排齐了传膳，熬炖煨焖还可以用水碗托住，要是熘爆炒炸一类菜式用水汽一熏，岂不是把菜全糟蹋了吗？

别瞧不起御膳房，其中还真有高人。他们把菜做好之后，先盛在加釉的大碗里，把碗盖盖严，一排一排地摆在飞起铁檐有把手的厚铁板上，上面再罩上一块铁板，等于是一只铁套盒，上下都有熊熊的炭火烤着。只要一声传膳，把所有菜肴摆在细瓷菜碗里，一律加上银盖，有的菜还要下衬水碗，放在桌面上摆齐，抬着桌面往方桌上一套，一百多样菜有五张方桌也尽够摆的了。不过有些熘爆氽炒的菜还是要现做的，所以故宫陈列过乾隆、慈禧、宣统的菜单，吃火候的菜是少而又少就是这道理。

奶子房

据民俗专家金受申说:"奶子房由来甚久,清兵未进关之前,就有奶子房啦,而且一直随军。最早的奶子房仅仅备牛羊奶茶、奶饽饽、奶饼儿几样东西。因为奶类吃食都是抗寒耐饥的营养食物,体积小又不占地方,行军作战,怀里藏几块奶饼,随时可以充饥耐战,所以奶子房是最初清兵行军不可少的一个后勤补给单位。到了康熙年间海晏河清,奶子房花样增多,组织扩大,渐渐才演变成宫里制作精细奶类点心的大本营了。"受申兄所说情形,经过息侯金梁的证实,满洲档案里,确有这些记载。

在宣统年间,各盟旗王子年节朝贡,贡品中还有奶饼一项。奶饼比一块银圆略小,有三块银圆厚,每盒十二枚,外用刷了黄檗水的粗木头盒子装着,酸中带甜并不觉得如何好吃，可是越嚼越香。吃了两三枚奶饼，可以抵一顿饭，这跟第二次世界大战浓缩干粮有同等功效。

奶子房最拿手的是果盒，真是金浆玉醴无美不备。奶品中有奶卷、奶饽饽、奶乌他、奶酪、炸酥螺、小炸食，豆类有枣泥、核桃泥馅的豌豆黄、绿豆黄、黄豆卷、芸豆糕，此外各种蜜饯，各式冰糖蘸的坚果，那真是上方玉食，鹅黄衬紫，色香醉人。有些吃食是外间难得一见的，有些是外间虽有，可是比起奶子房制品精粗可就没有法子相比啦。

奶子房的果盒，分全桌、半桌两种，每盒十六样，四盒叫"全桌"，两盒称"半桌"。上赏如果是果盒，就是半桌也比赏一桌燕菜席都实惠得多，因为样样都是平常不容易吃到的茶食。民国十九年，舍亲李木公先生从上海来北平游览，当年他曾经随侍他的尊大人李仲轩（经羲）进京陛见，吃过一次上赏的果盒，这次来到北平总想重温旧梦，再吃一次全桌的果盒。

凑巧北海五龙亭开了一家仿膳，据说是御膳房奶子房两位御厨开的，他们以肉末烧饼跟栗子面小窝头来号召，小窝头掺栗子粉并不稀奇，可是肉末烧饼，可以说全北平城没有第二份。他家吊炉烧饼，固然烙得松软适度不厚不薄，炒出来的肉末，不但净瘦滑香，最难得的是，肉末夹在吊炉烧饼里绝不滴油，盘子也毫无油底。就是这一手，就足以证明他是御膳房出来的厨师。跟他情商之后，终于以一桌燕菜价钱做了一桌全席的果盒，可惜其中只少了一样——奶乌他。因为奶乌他要用上好淮山药，不巧当时淮山缺货，算是美中不足。当年在座的有湘潭袁伯夔、义宁陈散原先生，都认为这一桌果盒，是毕生所吃最精美的茶食了。散原先生并有一首五古纪事，不知后来收入他的诗集没有。

茶库和缎库

那志良先生谈到茶库、缎库，也引起笔者当年经历的几桩小故事。在故宫处分那些物资的时候，有些朋友喜欢喝红茶、绿茶，于是就买些皇家茗茶去品尝。殊不知红茶、绿茶熏制后所含水分都比较高，经过多次自然发酵之后，霉变的结果，红茶结块，绿茶一碰就碎，而且霉味特重，根本不能泡茶饮用了。倒是大理普洱茶、云南沱茶制成茶饼、茶砖，所含水分本来就低，再一压紧成砖成块不透空气，反而不会霉变。

今年春节文友在台北小聚，庄严兄带来一块乾隆年间的茶砖，沏了一壶，让大家品尝，据说可治感冒。刚一进口，风韵未发，还觉不出好在何处，等喝第二杯就觉出芬芳微涩，就觉出精英上浮，意爽而甘了。笔者在故宫拍卖物资的时候，也曾经买过几饼沱茶。等抗战胜利，把云南新制沱茶两相比较，前者厚重柔炼，后者头一口虽然清新甘冽，但是细细品尝，就觉得有点烦浊下凝，不如前者悠然意远啦。笔者不擅品茗，个人感觉如此，是否是贡品经过精细加工，市售沱茶制造比较粗放的缘故，就不敢妄自悬揣了。

当年缎库清出来的绸缎、布匹久储内库密不通风，年深日久，就是头号三十三大缎看起来光彩依然，可是质地已然糟朽，不能下剪子裁制衣物。北平前门大街泰昌绸缎庄大掌柜的白品三，到故宫拍卖处参观，本是打算买茶膏的，因为茶膏卖完，他是绸缎行出身，于是信步到卖绸缎地方去看看。绸缎糟朽他一看便知，他当然不会去花钱上当，可是他发现有两只躺箱，放的都是五颜六色整卷的实地纱跟官纱。这种透明纱原来是夏天衬在袍褂里穿的，现在谁还要透亮的纱呀！可是白品三别具慧眼，他把两躺箱的纱，全部买下来。

北平住家房子玻璃窗上层都是大窗户，

冬天糊上纸，只留小卷窗，一到夏天就把糊窗纸撕去，普通人家改糊绿色冷布，讲究人家则糊珍珠罗。白品三觉得那些实地纱花样款式都非常典雅大方，挑选天蓝、浅蓝、翠绿、墨绿、浅绛香色等比较暗淡一点颜色的，代替珍珠罗糊在窗户上，既显得别致秀逸，又有阴凉舒畅的感觉。

后来袁项城的长公子袁克定知道了，千方百计从白品三手上弄了几卷去，糊在颐和园他住的画中游书室。这也是故宫出售物资一段小掌故。至于故宫出售皮货，因为手续草率，闹得若干名流面红耳赤，几乎对簿公堂，我想这件事知者甚多，恕在下不再一一饶舌啦。

传国玺溯古

印信由来甚古，从三代开始，由皇帝以至庶民，就知道盖用印信，以资信守了。周沿旧制，而盛于秦，到了汉代才算完备。玺也就是印，皇帝的称"玺"，臣庶的叫"印"。据传说，"传国玺"始于秦代，玺文"受命于天，既寿永昌"，是李斯写的小篆，至于传国玺的镌制年月，历代金石考古家其说各异，大约是嬴秦并吞六国，统一天下所制。秦始皇传给二世，二世再传子婴，刘邦兵临灞上，子婴降汉，献出传国玺，传到了汉平帝。平帝故后，传国玺藏在太后住的长乐宫。王莽篡汉，曾经派王舜入宫强索，太后怒极，把传国玺掷向王舜，玺上的螭纽跌断了一角。玺归王莽后，为求玉玺完整，用乌金镶补，就是后世所谓金镶玉玺了。其后传国玺传到了献帝，到了司马氏手中，由六朝各帝历传，至唐太宗，迭经后梁、后唐，以迄唐废帝在洛阳玄武楼引火自焚，从此传国玺就下落不明了。

依照汉代的印制，皇帝有六玺——皇帝行玺、皇帝之玺、皇帝信玺、天子行玺、天子之玺、天子信玺。六玺各有不同用途，设有符节令丞掌管。当年北平有名金石家寿玺（石工）对于古代印玺研究精深，他对天子的六玺的用途各有解说：皇帝行玺是敕诏之用，皇帝之玺是传檄诸侯的，皇帝信玺是用于征伐的，天子行玺以征兵编籍为主，天子之玺总持国之大事，天子信玺敬祀天地鬼神。这种印制，历代相沿，并没有什么更动，印玺的字号由钟鼎大小篆而分隶，渐次演变而成的。至于赫赫有名的传国玺并不在天子六玺之内，只是由秦代传下来的那颗传国重宝，凡是改朝换代，被大众所拥戴的"真龙天子"，必须拥有那颗国宝，否则会被人视为草鸡大王而非正统的皇帝了。例如东晋从元帝起历经明帝、武帝、康帝、穆帝，一直都没有找到传国玉玺，所以有人叫他们"白板皇帝"。

民国初年，北平制印高手张志鱼，颇受日本人推崇。日本制印名人松崎达二郎说："张氏制印不但力劲神匀，纳须弥于芥子的磅礴手法，除了北齐（白石）、南吴（昌硕）之外，不作第三人想。"其实张志鱼刻竹、制泥样样都精，对于金石考据，更有独特的见解。张氏曾经谈到传国玺的材料，是来自陕西蓝田玉石，而各种古籍记载，都说是玉，那是毋庸置疑的。陕西蓝田县东方，在骊山之阳有座玉山，软玉硬玉均有出产（白玉属软玉类，翡翠属硬玉类）。不过如说是用楚人和氏璧来雕琢的，就难以确定它的真实性了。古代印玺，对于纽式，是各有定制、不容混淆的。传国玺是镌的盘螭纽，各种古籍记载相同，谅来是不假的。至于传国玺的尺寸，依据古籍描述，以四寸见方者为多。张志鱼有一张拓片，有两个传国玺拓模，裱成一轴条幅。上面印模是虫篆，印文"受命于天，既寿且昌"；下面是小篆，印文"受命于天，既寿永昌"。文字篆法，两者均有差异，不是一真一假，必定是两者皆伪。后唐废帝引火自焚失去下落之后，历代帝王总觉得，没有那颗传国玺，虽然贵为天子，总非国之正统。而一般慧黠奸宄之徒，千方百计制作伪玺，编造一套圣德应瑞、天禄祯祥的故事，冀求厚赏。受宝的皇帝纵或察觉其伪，也不愿自行拆穿，也就将错就错，让率土臣民，知道他是受命于天的真龙天子，不敢怀有二心了。夷考宋元两朝史册，迭有献宝的记述，就是这个道理。张志鱼挂在书房的传国玺条幅，是金石家张海若送给他的，据说就是存于故宫的伪玺拓下来的，虽然明知其伪，但把它拓裱挂起来，倒也古朴焯赫，令人莫辨诡谲呢！

中华民国初年，国玺自然需要重新雕琢了，但良玉难求。到了民国六年九月十日，国父在就任大元帅后，有人献了一方琼玉，于是延聘粤东名家陆玖安雕琢，并委元帅府秘书连声海为造玺官。历时八阅月，这颗高二寸七分、宽二寸六分的"中华民国之玺"才镌成启用。

民国十七年全国统一后，国务会议以原有中华民国之玺尺寸太小，决议重镌中华民国之玺一方。这颗玺，是用方形翠玉精雕，重三点二公斤，玺身高四点三厘米，连同国徽纽高十厘米，玺面十三点三厘米见方。民国十八年七月一日开始琢制，当年十月九日完成，国民政府并明令于十八年国庆日启用。从此举凡国书、批准书、接受书、全权证书，以及外交文件，一律盖用此一玺。

民国十九年有人呈献政府一块质地温润

的羊脂玉，于是又镌了一方荣典之玺。玺成，重四点三公斤，玺身高四点六厘米，连玺纽全高十一点一厘米，玺面十一点六厘米见方。此玺篆法神采雄浑，崇玮高超，不知出于哪位名家手笔，于民国二十年七月一日启用。此后凡是奖褒一类匾额文件，一律盖用此玺，以彰有功。民国二十四年吴礼卿先生任国民政府文官长时，江苏六合有位孝子为他寡母九旬正庆，地方人士申请褒扬，由政府明令颁赠"松筠励节"匾额，笔者曾亲见加盖玉篆朱泥荣典之玺。据闻这两方玉玺均已被携带到台湾。

清皇陵被盗述闻

一九七四年夏季，笔者到香港旅游观光，在所住九龙弥敦饭店门前报摊上买了几份小型报纸，拿回饭店准备用来破闷醒睡。看见《明报》上登有一则大华出版社广告，是高伯雨先生所写的《乾隆慈禧坟墓被盗纪实》，介绍此书系记述一九二八年孙殿英发掘东陵经过，并附印清室内务大臣宝熙（瑞臣）之《东陵日记》原迹印本。清陵被盗当时，溥仪正偭居天津张彪花园，听说祖宗陵寝遭受翻尸倒骨的惨劫，除了素服减膳、设奠遥祭之外，一面并要求政府追缉盗陵匪徒务获严办，并派宝熙（瑞臣）、耆龄（寿民）、载泽、溥忻（雪斋）、陈毅（诒重）五人为清室善后委员，驰赴陵寝重殓改葬。宝瑞臣是亲与其事的主持人，所写日记手稿，是第一手的资料，自然翔实可信，弥足珍视。笔者初履港九，人地生疏，大华出版社固然无从打听，就是此书总经销国光书局，问了几家书店，也毫无眉目。后来匆匆离港，只索作罢。

本年五月份《艺海杂志》刊有高伯雨先生一篇乾隆慈禧坟墓被盗文章，并附有宝瑞臣于役东陵二十一天日记，承夏元瑜兄见告，方获拜读，虽非影印手稿，也就觉得非常名贵了。

这件盗陵案是冯玉祥旧部孙殿英主谋，授意他手下两个师长谭温江、柴云升查勘策划，于民国十七年五月十七日（农历）上午由工兵营带头动手爆破的。宝熙等五人一行系农历七月初四衔命出发，初八驰抵乾隆裕陵探看，因为潭沱处处，深及胫脒，用抽水机滦去积潦后，初十才正式进入地宫寝殿仔细察勘的。此时距离毁陵盗墓已有五十多天，孙率部众大掠之后，其间再加上散兵游勇、混混儿无赖，你进我出予取予求，任便翻腾掳夺，已经是乌烟瘴气，面貌全非了。事后清室虽一再请求缉凶，可是有如石沉大海，迄无踪迹可寻。

过了两年有人发现孙的侍从张鸣岐在青岛出现，向英美烟草公司一位大班欧妮尔出售玲珑剔透的九龙夺珠祖母绿手镯，索价巨万，经行家鉴定是天府奇珍，结果东西尚未出手，侦骑一到，而张鸣岐鸿飞冥冥，被他兔脱。

到了民国二十二年，又发现有人携带大量珠宝住在汉口太平洋饭店，天天到既济水电公司俱乐部，跟一些豪商巨富酒食征逐，乘机就兜售一两件名贵珠宝。有一天武汉警备旅旅长叶蓬的太太蓝夫人（蓝天蔚胞妹）看中一件十八子东珠手串，珠光夺目不说，每粒大小一致，而且冷艳滚圆。尤其翡翠九子魔母佛头碧绿奁绝，刻工更是奇斋工细，因为索价太高，尚未敲定，被汉口名报人凌梅痴写了一篇《观宝琐纪》，说所售珠宝都是些稀世之珍！于是有人猜测这些珠宝可能得自东陵，一时风风雨雨传遍武汉。在警宪跟踪，加紧查究情形之下，主犯虽被兔脱，可是终于在藕池口缉获了人犯两名，一姓纪，一姓王，两人都是谭部亲信，是参加盗陵工作的主要干部。此案交由当时武汉绥靖主任公署审讯，笔者好友戴少仑（系绥靖主任何雪竹表弟）时任军法官，戴兄对于此案异常重视，审讯时随手札记，故对于盗陵的前因后果知道得非常清楚。公余无俚，他就把盗陵案当作醒睡破闷的聊天资料了。据他说：

孙殿英目不识丁，是个不折不扣的老粗，原隶西北军冯玉祥部。此人狡诈多变，民国十七年春季，孙部接受中央改编成为独立旅，指派驻防冀东遵化、易县一带。当时奉军马福田部队因受排挤，突然哗变，谭、柴二人率部夹击，一下子就把马福田打垮，又把马的残余收编。因此孙部名为一旅，实际有七八万人之多，比一军的人数只多不少。可是以一个独立旅的饷粮给养，如何能维持一军之众呢！而孙殿英的部众，都是些杂牌队伍，要是三个月不关饷，不兵变就要开小差啦。

孙殿英在穷愁无计之下，就决定盗挖皇陵来充裕饷源了。（按：清代关内陵寝共有两处，一处在河北省遵化县的昌瑞山，称为"东陵"，一处在河北省易县泰宁村，称为"西陵"。顺治的孝陵，在昌瑞山正中龙脉。康熙的景陵，在昌瑞山左麓。乾隆的裕陵，地名胜水峪，紧依孝陵的东面。咸丰的定陵，地名平安峪，在裕陵西南。同治的惠陵，地名双山峪，在景陵东南。孝庄后昭西陵。孝惠后孝东陵。慈安后地名普祥峪，定东陵。慈禧后地名普陀峪，定东陵。）孙殿英认为康乾慈禧殉葬宝物必多，又都葬在东陵，都是自己泛地，于是决定先从东陵下手。

首先授意谭、柴两师长，向外扬言，因机械弹药分配不均，彼此发生小规模冲突，继而愈演愈烈，势同水火，划分禁区秣马厉兵，有如战事一触即发，大量搬运炸药爆破器材，防人窥破。于是宣布戒严，断绝交通，禁止人马通过。盗陵任务由谭部工兵营营长王得昌担任。并且口谕说明，这一项任务，关系全旅存亡，只许成功，不许失败，事情要做得干净利落，以防有关方面追缉。所得陵墓中宝藏，一律不准私藏隐匿，如有故违，一经查实，立即军法从事。

王营长受命之后，率队出发逼近东陵一带，只见峰峦修亘，茂草深松，打算选一座宝藏最多的陵寝动手，正在犹豫不决之际，因为慈禧的定东陵奉安不过二三十年，墓道砥平，松楸整齐，于是选中了普陀峪的定东陵为第一目标。就在农历五月十七日凌晨，王营长率领工兵营弟兄连同爆破手约一百人，齐集在陵寝之前。可是进入地宫的墓道石门，金扃严扃，无法打开，于是动手挖掘雉门石方，但石门杆轴是嵌在石壁里面的，严墙复叠挖掘十分困难。剜刨均毫无所用，只好由爆破手用炸药来轰炸了。一霎时石块乱飞，烟雾升腾，用了一两百斤炸药，也不过炸开一个仅可通人的洞穴。

大家摸索蛇行而进，迎面是一条三十多级汉白玉台阶的墓道，里面湮室凄清，森然可怖。用电筒照射，前方又是一座嬴镂雕琢、飞金纴丹的铁门，坚重厚实。大家也知道挖撬一样无效，于是又堆上炸药。好在地宫广阔，让弟兄们退到安全距离，一声令下，立刻地坼天崩似的巨响，害得每个人的耳膜都刺痛欲裂。铁门一扇炸毁，一扇倒在地上，一阵惨惨阴风，从门里吹出来，大家虽然都是天不怕地不怕浑小子一群，可是到了这个时候，也都两腿发抖，毛骨悚然。胆子小一点的，甚至打算开溜，可是后头有机关枪督队，只好硬着头皮往前闯吧！地宫明堂宏构，手电筒电力微弱，不能及远，所带马灯因为空气稀薄屡点屡灭。掘坟掘墓本来是瞒心昧己的事，加上炸毁帝后陵寝又多了一层骇怕，一阵子疑神疑鬼，大家你推我搡，趑趄不前，打算撤退。王德昌一看情势不妙，于是利用装炸药的铁盒注满清油，用破布条子捻成麻花，放在油里，立刻大放光明，人心大定。

王营长挺身而前，走不数步是一座敞厅，一字排列着八口棺木。大家一拥而前，斧凿钻锯，一阵劈撬捶斫，把八具棺材都弄开来。虽然弄出不少珠宝首饰，可是都不是什么稀世之珍，衣着方面固然也都锦衣璀璨，至于气势排场不像有慈禧太后的遗体在内。

于是大家在享堂之内，东打打，西敲敲，终于发现正中玉石屏风响声有异，果然石屏后面有一座暗门，金扉启处是一座两夏重梦的寝宫。殿内丹楹石柱，飞甍雕翠，弘敞辉煌之极，正中停放一具巨型葫芦头（满式棺木前方都有一木制葫芦头）朱红亮漆金棺，比一般寿材要高大两倍有余。朱棺架在两只龙纹彩绘马凳上，离地也不过六七寸高。两凳居中地上嵌有一方傅彩镂花、径尺大小翠虬碧玉古钱，钱下素湍潺潺，风声冽冽，堪舆家所说的金井玉葬，大概就是指此而言了。明堂楹枅高悬三盏玉箔玎玱水晶万年灯，虽然叫灯，可是体积比一般大水缸还要大上好几倍，每一盏灯碗里怕不盛有上千灯油。三盏相连，荧烛如豆，只燃其一，虽不能烛照万年，点燃个三五百年是毫无问题的。大家一看这种殿堂严丽的势派，一致认定是慈禧的金棺无疑，可是鉴于这种庄严肃穆、奕奕奂奂的气势，大家都有些胆怯。于是由王营长领头在灵前烧香告罪一番，才连劈带挖，把金棺打开。附棺还有一层梓盖（俗名七星板），阳面上方嵌缀金线堆成的《阿弥陀经》《往生咒》《解劫咒》全文，下方附有简明墓志，暨亡者生卒年月。阴面是用金箔攒成西方三圣诸天菩萨说法听经妙相。梓盖一掀，顿觉异香馥郁，飞光闪烁，只见一老妇在棺中仰卧，渊雅温润，体态安详，仿佛酣睡一般。身上盖着星编珠聚八仙过海锦衾，稍一撬弄，衾套就粉碎成灰，整个尸体埋在玉果璇珠琳琅莹琇之中，霞光流碧，冷焰袭人。慈禧口中含有鸽蛋大小椭圆形夜明珠一颗，金芒四射，宝光辉煌。匪众有识货的伸手就拿，谁知腮颊看虽完整，实际早已腐朽，稍一着力，立刻滑落嗓子里头，在你抢我夺一阵撕掳之下，慈禧终于颈项挨了一刀，那颗稀世瑰宝的夜明珠，也不知哪位快手将军揣进私囊了。这次盗陵所得殉葬珠宝，除了珠翠钻石珍玩外，最名贵的是一座白玉雕琢的九级玲珑宝塔，嬴镂花纹，烟云流动。据说这座两千多年汉玉浮屠，是慈禧生前一直在翊坤宫供养，晏驾附棺殉葬的。另外一件就是名闻中外那只黑子红瓤绿皮的翡翠西瓜，望之鲜美，色可逼真。这一只天家珍异，传系采自东北混同江的砺石山，被人发现，切磋成材，康熙六十万寿，由黑龙江军民敬献御前，恭祝嵩寿的。这只翡翠瓜，跟九龙杯、祖母绿狮子、碧玉八骏赤金舍利佛塔并称康熙四宝，同时列为天府珍奇。大家洗劫搜索，为了囊括垫棺材底的珍宝，甚至不惜把慈禧遗体抬出棺外，放在梓盖上面（宝熙于役《东陵日记》里，称慈禧面与身发酵，生白毛及寸，地宫阴湿郁闷，又当盛暑，暴尸近五十天，无怪有此现象）。大家带进地宫的容器实在装不下了，才陆续退出。

这一惊人的盗陵消息，尽管严密封锁，可没有几天，仍旧传扬开来。风声日紧，王德昌一伙人只得暂时隐匿起来。在清室善后委员一行来到东陵以前，其间小股土匪地痞流氓，轮番洗劫，把个慈禧陵寝搅得天翻地覆，泥淖中有珠玉，墓草里有骨殖，以致清室善后委员进入地宫，全都怔住，简直无法下手清理呢！

在慈禧定东陵被盗同时，谭温江手下另一位辎重营营长韩某也展开了挖掘胜水峪乾隆裕陵工作。虽然是以同样手法，用火药轰炸，因为裕陵用的全是大块云石，峻字严墙，复叠灌浆，比定东陵坚固何止百倍。再加上辎重兵不谙爆破，事先的准备又没有王营长办事老到周密，弄得声震四野，沙石蔽天，附近乡民说起先以为是地震，后来才知道是炸皇陵，炸了三天两夜，才把墓道石门炸碎可以通行。这位十全老人生前虽然富贵寿考，死后所遭浩劫，比诸慈禧老佛爷尤为惨烈。清代各朝皇帝陵寝，根据龙脉，有把后妃合葬，也有后妃另外开山，并不是一律附葬的。乾隆裕陵是龙跃天门、云拥帝阙格局，地脉悠长，所以有五位后妃附葬。根据清室善后委员实地查勘时，新旧骸骨狼藉墓道内外，晕珠残玉俯拾皆是，有的尸骨散不成形，有几具金棺已劈成残片。据当地一位乡民述说，有两位士兵掀开一具棺木，宫装峨峨，绚丽涵秀，美晰如生，瑶簪珠履，九色斑龙。两人打算抬出棺外，扒下这件满缀珠翠蟒袍，哪知尸一离棺，仿佛听见一声呻吟，玉容微粲，两人吓得胆裂魂飞，立刻瘫在地下，不但神志丧失，而且口不能言。大家只顾抢夺珍宝，并且发生内讧，开枪互相射击，陵道新死骨殖，就是那帮人的遗骸。等到全部撤退，才把他俩拖出墓道，又怕回营医治，泄露风声，只好把两个半死人寄放在民家将养。因为当时一人扶头，一人抬脚，一个抓住珠冠带，一个紧攥花盆鞋底，由这些断锦碎帧，才探索出那位面貌如生的敢情是嘉庆生母孝仪皇后，所占地脉正是灵气所钟，所以百年不腐。后来清室善后委员陈诒重曾两度到那位乡民家中访问，这个消息才在京东传了开来。

乾隆御极六十年，正是大清鼎盛时代，胜水峪又是帝后贵妃合葬的皇陵，所以殉葬的服御珍赏、累璧重珠，远比孝陵景陵来得充牣。大劫之余，帝后残骸已经无法辨认，盗陵的自相伤残、殒命地宫的骨殖，也都无法细分。清室所派善后人员，在无可奈何情形之下，只好天聪腐鼠，并殓一棺，草草营葬。想不到自命十全老人，百年身后，尚不能安于窀穸，世变无常，能不令人惕栗。以上都是戴兄在闲聊时断断续续说出来的。

抗战时期，有个盗匪曹志福原系冀东一带的青皮混混儿，他把殷汝耕在冀东残余的自卫队，又搜集了一部分流窜进关的皇协军，七拼八凑成立了支杂牌队伍，饷糈无着，三餐难继，近水楼台，于是脑筋也动到皇陵上了。盗匪里碰巧有两位参加过盗皇陵的积匪，经他们添油加醋一描述，盗匪一研究，认定康熙在位正当海晏河清，做了一甲子的太平天子，寿近期颐，殉葬的珍异，比起乾隆的裕陵来，应当只多不少。于是选定十二月十四日夜间动手，先盗景陵。燕翼高寒，地冻霜凝，锄钺都难着力，挖了几天，地泉波涌，先是泥沙夹石，后来急湍浸渍，深可及腰，挖掘工作只好暂时停顿。借来两部抽水机，日夜不停地抽吸，积潦四处流注，陵园御道，霜泉凝沍，结成一片冰河。水虽抽干，可是严墙三仞鳖以岩石，仍旧不得其门而入。于是由爆破手动手，就在石墙上凿了或大或小、深浅不一的洞穴，分别塞满炸药，通上引信，连声巨响，才把石墙炸碎。走不几步又有一道飞檐重柱高耸的石门，大家正在犹豫是否再用炸药，突然有人发现石门左侧，窗槛之间有一道石槽，镝杵鎏金，有人认出那是启闭石门的主钥。有几位巧手盗匪，摘下来用扁鸭嘴一头，在门框地轴之间三拨五弄，里面顶门石球，居然松动。大家合力一推，石球归在槽，石门迳然而启。玉门琼构，一共五道，如前庖治，一一应手而启，再前就进入玉清金阙康熙寝殿式地宫了。寝宫正中是一座巨大汉白玉石床，康熙金棺居左，其余后妃金棺依序排列，并没有皇帝居中，后妃左右分列，所谓夹骨葬的方法。椁棋高悬万年灯，床前设有玉案，所谓康熙四宝就陈列在玉案之上。大家正在忙于打开棺木，那两位盗墓有经验的积匪，早就看准天家珍异，把四宝拿起，揣在事先准备好的洋面口袋里了。

这次盗墓据说金器论斤，珠宝以香炉为单位来分配，事后追查四宝，只在一姓穆的家里搜出一只翡翠狮子，曹志福以姓穆的队长胆敢私藏国宝为由，捏个罪名把他枪毙，狮子没归己有。至于其他珍异流落何方，就无人知晓啦！曹匪食髓知味，咸丰的定陵、同治的惠陵，也都一一被洗劫。只有顺治的孝陵，传说顺治逃禅剃度为僧，坐化翠微，孝陵只是衣冠之葬，并没有殉藏宝物。所以东陵五帝陵寝，只有顺治孝陵得保首领，没有遭殃。

戴君离开大陆之前，裕陵、定东陵两处已经开放卖票，准人参观，他看过之后都一一笔记下来，所以说得原原本本，让人听了，为之神往。

　　至于早年孙殿英盗陵案，虽然缉获的是三四流的小喽啰，可是故友戴少仑兄对于那班匪徒痛深恶极，他又是研究清史的，所以他审讯人犯时巨细靡遗，随手作了札记。他来台后，我们彼此均忙，所以很少见面，偶或相值，他谈到盗陵案，想把本案前因后果有系统地写出，让大家了解一下真相。可惜不久他积劳病故，未能如愿。每一念及，很想把故人告诉我的一鳞半爪写点出来，无奈杂沓纷呈，始终未能动笔。因为看到高伯雨先生写的盗陵文章，于是鼓起勇气，把所听的写点出来，事过半世纪，全凭记忆写出，算是替故友完了一桩心愿。不过年老衰退，疏漏错误之处，必定很多，尚希各界贤达进而教之。

清宫年事逸闻

　　中国自夏禹时代称农历十二月为嘉平月，后来一些文人墨客，喜欢"风雅"一番时，就沿袭旧称管农历腊月叫嘉平月。清代对于岁时的一年两节异常重视，一到腊初就准备忙年了。

　　赐福依照清代定制："列圣于嘉平朔，谒阐福寺，归，御建福宫，开笔书福字笺，以迓新福，御乾清宫西暖阁，召赐福守……"大清二百六十八年天下，历代帝王都恪遵祖制，在祝祭还宫，书丹迓福，选赐臣下。这种赐福，是特赐殊荣，跟一般卖福寿字不同，能膺懋赏的只限于近支王公、内廷供奉（南书房、上书房师傅们）。当皇帝拿起斑管，蘸饱浓墨，在朱红云龙锦笺上，挥毫书写尺余大福字的时候，蒙恩的王公大臣，就跪在御案前俯伏受福，左右各有一个内监展纸。在动笔时，就连六叩首，写完末笔，要正好叩完俯伏，此时墨汁未干，两个内监将御笔福字伸展平托，从受赐者头上捧过，这个动作，需要从容镇定，时间拿捏得恰到好处，才能雍穆得体。

据清宫内监们说："翁师傅同龢每年都有这种殊荣，颇谙此道，行礼谢恩，非常从容有度。有一年大学士王文韶也获得这份荣典，此老重听眼花，腿脚又欠利落，磕头后顶子正好跟福字相撞，墨汁染及须眉，他固然十分尴尬，引得殿上诸人也都笑出声了。"至于内廷翰林和乾清门侍卫，也是蒙恩赐福的，不过那就是如意馆供奉们把福字写好，做成漏斗，用细粉漏在彩绘的锦笺上，写字的人只要笔饱墨酣像描红模字描下来，自然劲骨丰肌，龙飞凤舞，跃然纸上。此即宫内所谓"双钩福寿字"，比起真正的御笔，价值就差远了啦。

到了光绪二十六年（1900）岁次庚子的十二月，恰逢拳乱，慈禧、光绪仓皇离京，在西安蒙尘，当惊魂甫定，忽然想起这一项祖宗定制，乃于十二月二十八日，补写福字赏赐臣下。本来外官非年高德劭、开府一方者，是没有资格蒙赐福字的，但那年因为洋鬼子逞凶，圣驾避地在外，为了抚绥办差勤王诸臣，也就不遑顾及什么定制，甚至陕西按察使冯光酚、布政使胡湘林，连四品的西安府知府胡延都得到御笔福字一方，受赏的人都叹为异数。按照以往的情形，如果皇帝高兴多写了几个福字，就把它封存在乾清宫里，等到下一年冬天，再赏赐御前侍从、军机大臣，这还有个名堂叫"赐余福"，也算一种殊恩呢！

腊八粥

自古传说腊月初八是佛教始祖释迦牟尼证道的吉日良辰，所有信仰佛教的人，对于腊月初八都称之为佛腊，又叫腊八节。腊八那天，佛门弟子要用豆果黍米熬粥供佛，说是喝了佛粥，可以上邀佛祖庇佑。自从佛教从印度传来中土，各大禅林寺院，都在腊月初八那天清晨熬粥供佛，不但五谷杂粮靡不悉备，为示诚敬，还要加入各样珍贵干果，所以又叫"七宝五味粥"。中国民间喝腊八粥，始于汉武帝时代。到了盛唐，过腊八节啜腊八粥的风气，曾经盛极一时。有清一代，是信奉佛教的，到了康熙中叶，天下承平已久，物阜民丰，康熙对于汉武、贞观又是特别崇拜的，于是由御膳房大量熬粥，颁赐有功臣僚供佛，以示荣宠。据说熬粥之前，要由皇太后或皇后先行把粥米、粥果的品质、分量，逐一检视，一到子正时刻，就开始下料熬粥。宫廷熬制的腊八粥，粥料是糯米、小米、红豆、玉米糁、高粱米、大麦仁、苡米，粥果则有干百合、干莲子、榛瓤、松子、杏仁、核桃、栗子、龙眼、干红枣等，先把红豆洗成豆沙，把红枣煮熟剥皮去核，枣皮、枣核用纱布包起来煮水，澄出汤来倒到粥里，一块熬粥，枣香柔曼，入口怡然。粥果里的百合、莲子、栗子，要跟粥料一齐下锅，至于其他粥果，例如除去皮核的红枣、松子、杏仁、榛瓤、核桃、龙眼干，都剥皮另放，等喝粥时再自取所需。

供佛祭祖所用容器，照宫中规定，供佛祭祖赏赐臣僚，没有用碗盛的，一律使用粥罐。同时粥罐里只准放红糖，不准放白糖，究竟是什么原因，谁也说不出所以然来。同时因为粥罐面积大，粥面易绷皮子，有巧手嫔妃宫眷，用山里红、荔枝、龙眼，配上松子仁、瓜子仁，做出各种款式花鸟虫鱼，仿佛蒸凫炙鸠鳞鬣宛然，放在粥皮子上，真是上方玉食，令人叹为观止。雍正即位之后，每逢腊八赐粥，更令官窑特制一种白地青花瓷粥罐，遍赏亲贵近臣。后来有人无意中发现，这种瓷罐，注入清水培植矮枝芍药比起一般尊彝罍卣，可以多耐时日。这一传说不要紧，那些平素不被人重视的瓷粥罐，都变成琉璃厂古玩铺的珍品啦。供佛祭祖完毕，凡是住有后妃贵嫔的宫院，廊前槛外，古树柔枝，都要在虬干花根浓浓浇上一勺腊八粥，还要分别在花木枝干系上一缕彩带，传说不但可以辟邪，到了献岁发春，茎干茁旺，而且叶茂花繁。是否真有那回事，只有天知道了。

腊八赐粥，是由太监伙同苏拉拎着提盒分送各宅邸的，太监、苏拉来临，举家大小按人口各致敬使车力一份。所以当时红太监，专挑人口众多大府邸去送粥，至于人少口薄的人家，就归不走红的太监去辛苦了，一个腊八节下来，宫监们敬使所得，为数也非戋戈，正好过个肥年呢！近支王公、椒房贵戚于谢恩领粥之余，也要把自己家中所熬腊八粥呈献内廷品尝。上赏腊八粥，恩出自上，可以孤零零果粥一罐，而且还要磕头如仪。进贡的腊八粥则为了藻饰增华，还要陪衬上两菜两点，名为供养佛前，为主上增福增寿，所以菜点纯用净素。这对一些勋戚贵藩虽然毫无所谓，可是对家境清寒的臣僚来说，的确是一项不大不小的负担呢！

溜　冰

　　清代宫中盛行这种游戏，宫里称为冰嬉，据说早在北宋时代就有了，宋史里就有"幸后苑观花，作冰戏"的记载。清代不但把溜冰视为一种运动和娱乐，而且注重演习竞技，北平北海公园的漪澜堂，就是当年乾隆观赏冰嬉的场所。乾隆有"御制太液池冰嬉诗"刻在楠木匾上，悬挂在漪澜堂正殿中，御制诗注里说："国俗有冰嬉者，护膝以芾，穿鞋以韦，或底双齿，使啮凌而不踏焉，或践铁如刀，使践冰而步逾急焉。"并指出："每冬，太液冰坚，令八旗内务府三旗，简习冰技，轮番阅视，按等行赏，所以简武事而修国俗。"由此看来，清代溜冰，虽然说是冰嬉，其实无形中寓有冰上战阵操练习的含意呢。乾隆看冰嬉，有时高兴也到波凝如镜、积雪堆云的太液池中，观赏八旗健儿在冰上星驰电掣、争先夺标的盛况。

有一种在冰上滑行的冰床供御驾乘坐，宫中叫"雪橇"，民间叫"冰排子"。冬至过后，天池凝冱，北、中、南三海，就有内苑安排的冰床在冰上行驰；一交立春，就全部停驰，否则春冰脆裂，陷入冰窟，就无法救援了。王公大臣之奉召入园觐见的，亦准乘坐冰床。《燕台竹枝词》记感："玉虹一过谷纹平，过处微闻细碎声。短绠独牵停不住，往来宛在镜中行。"雪晴日暖，飘雪拖练，玉龙赽趋，个中滋味，没坐过冰床的人，是不会领略得到的。乾隆对他的生母孝圣宪皇后孝思纯笃，这位皇后对于观赏冰嬉兴趣极浓，每年冬至过后，乾隆必定随侍母后，在西苑三海观赏一次盛大冰嬉，由御前侍卫率领八旗兵丁，赤帻戎冠，张弓挟矢，幢牙崇纛，鸣螺捶鼓，在冰上奔驰，迅疾如飞，攻防转侧，变幻迷离。皇太后所乘雪橇以黄缎为幢，狐裘貂褥，九色斑龙，亦舟亦辇，由八名冰技健儿，或推或挽，往来驰走。对于参加健儿，论技行赏。乾隆有一首御制冰床联句诗："拖床碾出阅兵嬉，走队櫜弓五色旗。黄幢居中奉慈辇，黼帱貂座日舒迟。"诗中把冰嬉描写得很具体入画，足证当时是如何热闹了。

慈禧在十全老人之后，是最懂得如何享乐的了，每年冬天，也要观赏冰嬉。她让内务府训练了一批冰上健儿，分为红黄两队，个个提衣齿屦，身手矫捷，健步争先，超逸绝尘，既有夺标竞速，更有战斗演习，冰上滑行，有如蜻蜓点水紫燕穿梭，技巧横出，令人目迷。

还有一项冰球竞赛游戏，又叫"蹴冰"。《帝京岁时纪胜》说："金海冰上作蹴鞠之戏，树旗门，整编伍，每队数十人，各有统领，分位而立，以革为球，掷于空中，俟其将坠，群起而争之，以得者胜。或此队之人将得，则彼队之人，蹴蹦之令远。欢腾追逐，以便捷矫勇为能，将士用以习武，昔黄帝作蹴蹦之戏以练武，盖取遗意焉。"照以上说法，中国冰球，有如现代足球、篮球、橄榄球三者综合运动，不但手脚并用，而攻守多方，比起现代冰球打法，岂不更为丰富多姿？可惜国人崇尚西法，中国踢冰球的一套技巧，就湮灭失传了。

民国十六年北海开放辟为公园，冬季太液池上，冰结三尺，五龙亭、漪澜堂、双虹榭三处，都设有溜冰场，都门士女，云集三海，各显身手，绮袖丹裳，绒衣革履，奇裔复丽。其中有位须发斐斐，幡然一叟，短袄窄裤，足下一副式样特别的冰刀，在粉白黛绿中盘旋游走，一会儿"单双扯旗"，一会儿"哪吒探海""凤凰展翔""野马分鬃""金鸡独立""里拐外拐""带上走下"，花样百出，变化莫测。他这种无伦妙舞，惹得一些冰上好手，全部暂停滑溜，红袖扶槛，褐袖凭栏，伫立而观。等这位老人兴尽离场，大家才恢复冰上的追逐。此老就是当年内务府训练出御前观赏的冰上健儿，偶或到球场来舒散筋骨的。自从抗战军兴，此老就未露面。如今事隔多年，料想此老早已驾返道山矣。

辞岁贺年

一夜连双岁，五更分二年。宫廷对于辞岁比元旦朝贺更为重视。早在祭灶前后，内务府就奉帝后口谕，列单通知进宫辞岁的人员了。辞岁多半是近支王公、大臣、内戚，并且是携眷入宫，皇帝、皇后多半是在养心殿便服接受大家辞岁。辞岁行三跪九叩礼，每人赏赐小型平金或绣花荷包一对，荷包里是六七分长金银小如意各一枝，红豆大金银小元宝各一枚，虽然分量都不重，可都铸制得玲珑精巧。领赏之后要当时挂在襟头上所谓带福还家，然后依序到各宫辞岁，也都有荷包赏赐，荷包里的对象可就厚薄不一了。薄暮进宫赶到出宫，已经万家灯火了。皇帝向来跟皇后是分宫而食的，只有除夕是同桌共饭的，如太上皇、皇太后尚在，皇帝、皇后也要趋庭侍宴，以示团圆的意思。清例每年元旦，皇帝一交寅初，就要朝衣朝冠在乾清宫升座，由御前大臣跪颂吉祥之后，侍卫送上吉祥奶茶，喝完立刻起驾，出日精门，到上书房东边的圣人殿。其实只是一间不甚宽敞小屋，在大成至圣先师孔子神位前行过大礼，然后乘兴到堂子祭神，祭神还宫，接受王公大臣们的朝贺，最后才轮到后妃贵嫔们递如意颂吉祥呢！

　　捧元宝民间叫"吃水饺"，满洲叫"吃煮饽饽"，元旦起宫中要吃五天煮饽饽，不过初一要吃素馅，初二起才动荤。据说元旦祭堂子，所祭都是天神，尤其满洲信奉的纽欢台吉、武笃本贝子，天生素食，为了表示虔诚崇敬，所以持斋茹素一天。中国大江之南，以正月初五为财神日祭财神，北方祭财神是正月初二，祭财神开荤吃煮饽饽，又叫"捧元宝"。这顿元宝饺子，以慈禧来说，一定是率领隆裕皇后、珍瑾两妃、瑜珣瑨妃，以暨公主格格、常侍左右的宫眷命妇们亲手包制，说是捏住小人们的嘴，免得胡说八道，同时把一只特制的小金如意，随意包在一只煮饽饽里。善于逢迎的内监像安德海、李莲英者流，早把那只有彩的煮饽饽默记于心，那只金如意必定是太后老佛爷吃出来，大家又一致欢呼老佛爷吉星高照，一年四季如意吉祥，而老佛爷自信福分比别人都大。光绪戊申年

（1908 年）正月初二捧元宝，老佛爷竟然没吃出如意来，当然心里不舒服，问过大家，都说没吃出来，其实是隆裕皇后无意中吃出来，而不敢声张，偷偷递给李莲英，李说煮饽饽可能有煮破的掉在锅里，由李作为在锅里拣出呈览，才算了却这件公案。

要　钱

清代末叶，虽然民间已经时兴打麻将牌，可是此风始终没吹入内廷，宫里正月的消遣主要是打纸牌，或摸索胡或打十胡。纸牌是内廷自行印制的，纸张光滑柔韧，条索万的花纹更是斐斝夐烂，偶或有一两幅流入民间，爱玩的人都视同珍宝。

玩天九牌则人少打天九，人多则推牌九，掷骰子则花样更多，有时也跟格格阿哥们抢状元掷"升官图"。可是元宵到正月十八落灯，就算年过完了，再有内监宫娥诸色人等玩牌、掷骰子，就算犯了赌禁，轻则杖责，重则逐出宫廷，比起民间抓赌，可严格得多啦。闹完花灯年事已毕，要看火树银花，就要等来年了。

闲话磕头请安

前几天有几位从事电影电视编导的朋友来舍下聊天，东拉西扯便扯到磕头请安一些礼节上去了。有人说："现在演清宫戏剧，总少不了磕头请安仪式，今天我们就谈谈这些好不好？"想不到这些陈谷子烂芝麻的往事还有人爱听呢。

谈到磕头，中国无论南北满汉，行大礼时，都作兴磕头。至于请安礼节，在前清除了官场之外，只有旗籍人士才盛行。北方人喜庆寿诞，禴祫烝尝，各项庆典祭典，有的是三跪九叩，有的是一跪三叩首，只有父母亡故磕丧头是一叩首的。正规的磕头要一叩一直腰，两手伏地后垂直，两目平视。有些人一叩一拱手，北平人叫这种是磕乡下头，官场中是不常见的。南方几家名宦大族，因京官做得久了，处处学官派，动辄相互磕头，两膝着地点到为止，可是跪拜频仍，实在比请安还来得麻烦吃力。

请安原本是满洲人的见面礼，分单腿安与双腿安（又叫"跪安"）两种。单腿安左腿直屈，左手覆膝，右腿后弯，两目平视，头不高仰；双腿安是双腿屈膝及地然后起身，双手必须覆膝。此为请单、双腿安的正宗仪式。至于请单腿安，双手垂直，那叫"打千"，是厮役下人回事的礼仪，不算是请安；该请安的地方，忽然来个打千，那就算失仪了。至于什么时候，对什么人请单腿安双腿安，虽然没有什么一定之规，但对尊长请双腿安，平辈请单腿安，大致是不差的。

除了磕头请安之外，满族还有三种人行礼是很特别的。第一，亲家翁见面，只是相互请安，可是亲家母见面行的礼就特别啦。亲家母见面两人对立伸出两手，互相一握一举就算礼成，跟西洋人握手的姿态又大不相同。第二，姐夫跟小姨子，是不容见面，要相互回避的，如迫不得已而碰了面，彼此不作兴请安，两脚一并，好像立正，叫作"打横儿"，这个名词，现在恐怕已经没有什么人知道了。第三，弟媳妇见大伯，无论是行大礼，或是请安，大伯只能还一个"半截揖"，这在南方，平辈磕头一定要还头，否则算失礼，在北方如果还头，反而算是失礼。有人说南北不同风，由此看来，是一点也不错的。

抗战之前，我在北平庆和堂参加一处喜筵，座中有一位金盘卿，大家都叫他安三爷，他是逊清涛贝勒的三公子。一群年轻人正聊得兴高采烈，忽报涛贝勒到。这位安三爷立刻快步出屋，跪到二门以外，也不管地下干净不干净，就直挺挺地跪下去。涛贝勒从他身旁走过，视若无睹，昂然而入，他才慢慢起身。过了若干天之后，想起当天他们父子一方面相应不理，一方面诚惶诚恐的情景，还觉得有说不出的别扭呢！

女性请安叫"请蹲儿安"，请安时两膝弯得深浅，也是大有讲究的。对长辈请多深，平辈请多深，各有不同的尺寸。各地驻防旗籍妇女请安，要比北京的妇女请得深，个中人一望而知对方的身份和旗籍。当年南皮张之洞（香涛）家，合肥李鸿章（少荃）家虽然都是汉人，都沾染了若干旗礼，习于请安，其实请安比磕头省事，可免磕头跪拜之繁，可是他们无论男女一请安，就觉出这安请得不太对劲儿啦。

晚辈给长辈请安，长辈要伸一伸手，那叫"接安"。客气一点的用双手接，不客气就用单手接。手伸得远近高低，也大有讲究出入，请受双方各有感受，不是当事人，是体会不出来的。

京剧里请安最多的是《四郎探母》，梅兰

芳、程砚秋请安都深浅适度，大方边式，有些坤旦刻意求工，摆好架势深深一蹲，反而显得蠢而不灵。

至于现代电视宫廷剧里的请安，人人手里都拿条丝巾，请安之前，又像要摸两把头，又像甩丝巾，这种非驴非马的请安式样，我友那雨庭兄名之曰跑旱船式请安。虽然嘴嫌刻薄，可是与当年北平跑旱船的领赏请安姿势相比，的确是惟妙惟肖——不差分毫呢！

闲话太监

宦官就是阉人，俗称"太监"，又叫"老公"。依据典籍的记载，自从秦汉时期有了腐刑，宫廷中就由阉人担任杂役啦。《说文》说："宫中奄，昏闭门者。"按宦官谓之奄，主宫中闭门之役，所以叫"阉人"。由唐宋到明代，一直叫"宦官"，永乐初年，民间因为敬畏宦官才尊称为"太监"。嗣后出了王振、刘瑾、魏忠贤一班权宦，不但窃柄弄权，而且左右朝政，太监的权势，在明代算是到了登峰造极了。

至于清代的安德海、崔玉贵、李莲英、小德张、梳头刘等人，因为去古未远，大家对于这些阉割畸形人，觉得他们心理上、生理上必定有不可思议的奇妙变化，可是正史上又都约而不详，于是稗官野史、私人札记，捕风捉影，俶张为幻，把清代一些太监也形容成权侵朝野、不可一世的巨奸。其实清代那些有头有脸的太监，仗着上人见喜狐假虎威、弄点钱花，那是一点儿也不假，谈到干预国家大政，甭说他们不敢，就是打算从中弄鬼，以慈禧的辨析芒毫，也不容那群太监插手其间呀。

太监去势，俗称"净身"，他们自己叫"出家"。出家有两种情形：一种是自幼出家，一种是半路出家；一般说来自幼出家的多，半路出家的少。

在清代，河北省武清、河间一带都是太监的产地。自幼出家的，年龄都在十岁左右，顶多不超过二十岁，而且一律要出于自愿。贫苦人家，因为生活困难，无路可走，于是就希望自己子弟净身进宫。如果能幸邀圣眷，受到荣宠，这孤注一掷，就可以换来毕生的安富尊荣，所谓一人得道，九祖升天啦。

半路出家的，大概都是游手好闲、不务正业的无赖子，杀人越货被官厅逼得走投无路时，就设法找乡亲中在宫里当差、有点权势的老太监拜门投师，甘愿阉割，进宫当差以了残生。

有的性情暴躁，案子逼得太紧，来不及按部就班拜门投师，咬紧牙根引刀一割，先做了断的。好在武清、河间告老还乡的老太监不少，一听说有人自宫（他们称自宫为大喜），家里有的是从大内带回的宫廷秘方良药，救人要紧，立刻给自宫人上药止血，安上药捻子，只要不招风，尿道不幽闭，就可以保住小命啦。

半年之后，体气康复，然后再由介绍人携带进京正式投师，经过三勘一验手续，就能充任学习太监了。所谓三勘是由内务府一勘，南三所二勘，敬事房三勘，最后一关还得由刀儿匠验明无讹，具结呈报，到此算是全部通过，才有资格进宫当差。

刀儿匠就是主持阉割的师傅，虽然归内务府管辖，可是宫里大小太监对他们都特别恭维客气，管他们尊称古拉。刀儿匠是口传心授的师徒制，要经过三年的随习。等到心领神会，师傅才肯授刀，正式操作。到了学满五年才算出师。满师后给师傅效力五年，就可以承袭古拉职位。老古拉有了传人，就可以告退出宫廷，安享晚年啦。

打算自动出家的最小只有七八岁，那时候天真未凿，多半是家里人贪图富贵，怂恿他当太监的。最大的也不过十七八岁，没有超过二十岁的。这些半大小子想当太监，几乎百分之百都是出于自愿，很少是听了别人撺掇，去当太监的。

打算自动出家的，不管七八岁或是十来岁，都是由家人亲友介绍携带来北平。首先要投奔有头有脸的太监，经他认可之后，结为亲家，叫作"认亲"。随即把人带进大内南三所住下仔细察看，同时就有劝善太监来说教了。

首先阐说，当了太监之后，尽管可以衣食无忧，邀天子之幸，能够大红大紫，安富尊荣。可是净身的刹那，生死间不容发，等于孤注一掷不说，此后永远断绝男女之私，这种牺牲未免太大。到了后来虽发达，可是此恨绵绵，成了终身憾事，没法儿补救啦。这类话用不同语气、不同方式，掰开揉碎地反复劝说，真有经过三四个月劝解，心一活动知难而退的，太监们好像有一笔公款，从这笔款项提出若干银子遣送回籍。这种钱还有个名堂叫"助善费"，不过这类人究系少数。

凡是意志坚决、屡劝无效的人，最后还要请古拉再彻底劝一次。如果真是一心想出家坚定不移，这时候刀儿匠会同乾清门侍卫人等，护送他出宫，到刀儿匠住所调息；如果没有侍卫护送，此人是重大刑案追缉的要犯，一出宫禁，官厅捕快可能就要动手拿人啦。准备出家净身的人，除了每天增加饮食的营养外，还要吃些益中补气药品，让体气充沛耐劳，施行手术时可以减少痛苦，手术后早日康复。等身体日趋健壮，开始逐步管制流质的饮食，最后甚至于汤类茶水完全禁绝，只能吃点干粮，因为手术之后，最怕小便频仍，延缓了愈合的时间。

接受手术是在一间密不通风的暗室，阄割之前，人躺在床上，手脚都要紧紧地绑在床柱上。然后在生殖器周围涂上麻药，用丝绳兜全缚好，丝绳绕到房梁一个辘轳上，由经验老练的古拉，用犀利的圭刀（药铺专用的一种小刀）闪电似的齐根一割，手法好的既干净又利落，所有外在器官，立刻脱体。旁边助手也要快速配合，把离体残具用辘轳吊开，以乳香、没药一类防腐剂掺拌，立刻搁在预先准备的小瓷坛里，外面套上一只楠木匣，匣子上写明出家人的姓名、籍贯、年龄、净身时日、哪位古拉操刀、引礼太监是谁，然后把这木匣送往所谓"怀安堂"列册编号存放。

至于受阉割的人，虽然事先上过麻药，可是当年的麻药，效力太差，一刀之下，自然是痛彻心脾，立刻昏厥。等人苏醒，已经局部止血消毒，通上药捻，敷上止痛生肌的药面儿，初步手续算是完成。

受阉割的人移往温室，要住满一百天，即可复元。在最初的几天，伤口痛又不准进饮食，当然痛苦不堪。大约过五六天，古拉就来启捻子了，他把插入伤口的药捻子起出，如果立即放小便，那才算功德圆满捡回一条小命；否则尿道幽闭，十之八九，难以活命。据说阉割太监，每年只举行一次，从七月初一开始，每天不过三至五人，到了七月三十晚上一烧地藏王菩萨夜香，就要截止；再有人想当太监的话，只有明年再说啦。

清朝自入关定鼎，最初一些太监也想沿

袭前明司礼太监、秉笔太监的歪风旧例，事无大小，准许太监上折言事。当顺治登基大典，第一次颁诏，赐筵廷臣，就有内监随班叩拜。那时有位给事中郝杰参奏了一本。随即有了上谕："自古刑余宦寺，仅供洒扫使令，嗣后严禁具奏言事，朝贺大典，内监更不得入班行礼。"所以清代的太监，无论上边如何宠信，也没敢专折奏事的。

可是有一例外，就是太监临终，准其具折申请复礼归葬。这类折子向例皇上批：一律送请皇后裁示。究竟是何时何人立下的规矩，因为年代久远，也就无从究诘了。复体获准，就由死者家属凭批向怀安堂领回，连同木匣，一齐附葬。北平故老传说，如果死去的太监，没能以残具附葬，来生必定是一个乾纲不振的雌男子，不会生男育女的。这种鬼话也只好姑妄言之，姑妄听之了。

在故宫中左门箭亭南边，有一座极不起眼儿的三间小屋，围在一个小小院落里，太监们称之为"怀安堂"，既无匾额，又没标志，那就是太监们收藏残体的所在。堂屋正中设着两座牌位，后大前小，后座供的是大势至尊王菩萨，前座供的是史晨大师。究竟史晨大师是何方神圣，管香火的老太监，只说是祖师爷，也问不出所以然来。四周墙壁，都嵌有木雕长方小格，整齐划一，有如台湾各寺院供养的长生禄位牌的格局，一灯如豆，光线晦暗、阴森难耐，谁也不愿在屋里多事浏览。

民国二十三年春天，笔者陪着几位南方朋友去逛故宫，出了中左门，居然无意中摸到了所谓怀安堂，院里树影萧萧，惊鸦磔磔，令人不禁有萧瑟之感，同时也想到几千年的刑余阉宦，算是随着君主皇权也一同埋葬了。

自从来台之后，在屏东偶然间发现两个有异常人的老人，虽然身躯伟岸，可是唇口不荣，毫无胡须，满脸皱纹，跟老太婆一样，声音笑貌，完全女性化。当时断定他们可能是两个太监，后来经由荣家主人岳峙兄证实，他们果然是以荣民身份，在荣家就养的。

在民国十一二年，上海犹太富商哈同跟他夫人罗迦陵花甲双庆，到北平避寿，忽发奇想，在北平征集了十几名内廷或各王府的太监，带回上海爱俪园担任饮宴、洒扫、莳花、养鱼的工作，这两个太监就是爱俪园易主，辗转随军来台仅存的两个古董人物了。

关于太监的传说非常之多，俗有三年一小修、五年一大修的传说，说是恐怕手术不佳，没能除根，所以每隔三年必须察验一次，看看是否有凸肉长出，长则再割。《黄帝内经·灵枢》"五音五味"篇记载着："宦者去其宗筋，伤其冲脉。"宗筋既去，岂有再生肉芽之理。至于太监娶妻，明代黄瑜著的《双槐岁钞》"椓人妻"一条记载"宣德中赐太监陈芜两夫人"，太监有夫人，不但是正大光明，出诸皇帝赏赐，而且一赏就是两位。

以笔者所知太监娶妇，倒是确有其事，当年在北平舍下紧邻小门赵家（后改华兴公寓），就是一位颇有名气的告老太监，不但娶有太监大奶奶，还有若干谊子、谊女、丫环、厨子一大群。太监大奶奶有时站在门口跟舍下女仆闲聊天。据说自幼净身，是尚未发育的儿童，一扫而光，自然性欲全无；到老富而多金，总觉空虚寂寞，成家立业无非享点家庭温暖，娶个家室，也无非操持家务浆洗、缝缀而已。至于传说太监近女，每每手掐口啮，汗出方止，变态发泄。半路出家的，或许有此可能，实际就不清楚了。

另外查慎行的《人海记》记载，《周后田妃》文里有一段曰：

帝每日召贵妃（指田贵妃），妃例

御凤舆，由小太监①舁之而来，是日舁者却为宫婢。上问故，曰："小太监多恣肆无状。"叩其实，曰："坤宁宫（周皇后所居）小太监狎宫婢，故远之耳。"上色动而搜其处，获得狎具，盖宫婢各有太监为腻侣，所谓"对儿"也，一名"对食"。上骤怒，立遣诸小太监，中宫因怼恨成疾，呕血。有老宫人曰："田妃宫中，独无对儿乎，亦可搜之。"已而果然，上疑始释……

由以上这段记载来看，当年后宫太监跟宫女的风流韵事是层出不穷的。不过依据晚清几位历任内务府大臣奎俊、世续、耆龄他们，都认为晚清的后宫，比前朝干净多了。太监跟宫女的对食，因为及龄宫婢随时遣嫁出宫办法，加上关防严密，不时搜查，虽然

---

① 该段引文中"小太监"的原文均为"小珰"。

979

不敢说弊绝风清，可是这种传说，到了清代可就少而又少啦。

又有人说，北平城里另外有一种太监专用的澡堂子开设，可能那是揣测之词，这件事笔者曾经跟北平父老打听过，谁也不知道太监澡堂子开在什么地方、叫什么名字。可见那是想当然耳，其实未必有之吧。倒是民国初年，时常看见袍子马衫、足登假靴、穿戴整齐的人，匆匆走进官厕，先找墙角，从靴筒子里掏出一双竹筒，撩衣就墙角小解的，这就是太监了。太监入厕尚且是入男厕，要是太监有专用的澡堂子，他们又岂肯裸露下体，给擦背修脚的看？

去年有一件来自新加坡的电讯说，新加坡正在考虑立例，对屡次做出强奸行为的犯罪分子，处以宫刑，作为惩处。不过依据古代罗马人阉割方法去做，还是照当年埃及僧侣阉割奴隶所用的阉割术执行，两者何种为是，尚在犹疑不决。将来如果此案真能通过

980

立法程序，岂不是又有摩登太监在亚洲出现了吗？

谈谈清装服饰与称谓

过完春节，就听说台视从美国邀请丁强、李璇回台，制作一档子清代宫廷连续剧，笔者当时正准备出国旅游，真可惜错过这档子好戏了。

泰国曼谷第三电视台每晚九点播放香港电视台制作的《大内英豪》，由姜大卫等主演，剧情叙述雍正跟乃舅隆科多密谋夺权正位的事。全剧内外景以及宫廷布置使用器物，在制作方面处处都表现出力求逼真，尤其辫发一项，从皇帝以迄差弁徭役，个个都把脑门剃得青而发亮，脑后辫子也梳得整齐干净，没有毛发髯鬑的一大堆披散脑后。就这一点，足证香港从事影剧朋友们的敬业精神，比我们台湾认真高明多啦。

"青年节"回到台湾，《金凤缘》虽然未窥全貌，但总算赶上一个尾声，抛开剧情、布景等不谈，关于服饰、称谓，有好几位研究清代仪礼的同学，跟我来打听，我只好把个人看见过的情形，写点出来供同学们参考，非敢自炫，存真而已。

我们先谈妇女们的头饰。《电视综合周刊》上说："再顶上一个人头高的'旗帽'。"所谓旗帽，实际叫"两把头"，在咸丰年间，旗族妇女所梳两把头，都是用真头发梳的，年纪轻的少妇发长而密，两把头自然又高又大，老年妇女发疏而稀，两把头自然随年龄的增长而缩小，用真头发来梳自然费时费事。到了同治年间，有人研究出用黑缎子做两把头，按在一个铜丝编的座子上，只要在头顶挽个发髻，把两把头连座子扣在髻上，四周用平绸厚绘宝相花纹的帽条一围，再用金钿珠钗插稳，正中戴上"门花"，两旁簪上"鬓花"。真正两把头最少要插上三朵花，不像现在京剧跟电视剧的旗装头，一朵门花就遮满整个头面上，尤其是电视剧里连脑后还玉箔叮当，累璧重珠，真难为演员怎么转得动呀！

现在电视剧里，不知哪位高明之士为了美化两把头，愣在两把头四周锁上一道或双行亮眼银边，虽然增加了美观，可是于实际情形相去太远了。两把头上有一只长扁方，早先真头发的两把头非用整只长扁方挑着头发不可，翡翠琼华，金银玉嵌，的确盛饰增丽。自从改为缎子假头后，为了减轻头上负荷重量，扁方也就变成伸头露尾免去中段了。当时有一种特别行当，是专门给两把头换缎子、修座子的作坊，各旗门讲究服饰的年轻妇女，每人都有三几副两把头轮换着戴。

至于两把头两边各挂一条红丝穗子，那也是有讲究，不是随便戴的。照规定已经许字人家的未婚少女，在家要练习梳上两把头、穿上花盆底，如何走路、请安、磕头各项仪礼，都是挂上一边穗子的。已婚新婚少妇逢有喜庆大典，要戴就是朱络波飘。可是一过四十岁中年妇女，就没有戴红穗子的了，尤其寡居半边人，更没有戴的了（旗门规矩严格，孀居妇女，就是少艾也不准涂红点朱）。《金凤缘》老福晋两把头挂红穗子，那就太离谱了，而且这种穗子是逢到大典穿上氅衣才戴，没有人日常家居整天戴着红穗子，做起事来多么不方便呀！

两把头脑后应当是梳燕尾，原本是真头发梳的，后来两把头改为缎子的，燕尾也就改为假发了。燕尾另外梳好，用两根带子盘系在旗髻上，好在有帽条挡着，根本也就看不出来。燕尾的大小跟年龄成比例，年纪越轻燕尾越大，到了花甲老人根本不戴燕尾，头发往上一拢，也没有人认为失礼。《电视综合周刊》上曾有一张梅兰芳旗装照，从穿衣镜里，可以看到燕尾拖肩的倩影。现在电视剧里的旗装，头上顶着两把头，后脑勺梳着一个像京剧青衣的人头，非驴非马，看过了令人啼笑皆非。

旗装妇女的头饰谈了不少，再来谈谈男人的打扮吧！台湾电视男星，无论老幼一律都是护发英雄，脑门正中故意留个发尖，两鬓越来越长，耳旁脑后真发无处掩藏，有如乱草一丛，甚至把前额额顶上的头发留出一拢，编成小辫子，跟正式大辫子合拢，发型之奇特，成了发型之奇观，古今所未有。真亏化装师怎么琢磨出来的，既然不肯剃头，只好尽可能戴帽子来遮掩了。

《金凤缘》里舅太爷的那顶瓜皮小帽，似曾相识，可是一时想它不起，后来有人提醒我，那不是中正机场陈列的外销品吗？不过以帽子的高度来说，恐怕还是特别订制的呢！戏里总管、舅太爷、管事头上戴的便帽，都钉有一方玉石帽正，要知总管在王府里虽然权势不小，但究属执事人等，按例在府里当差之时，是绝对不准戴帽正的。清末太监崔玉贵，是慈禧跟前仅次于李莲英的红人，有一年夏天约了几位朋友到什刹海会贤堂吃冰碗消暑，一进门迎头碰见泽大爷从里面出来。泽公看见崔玉贵纱帽头儿上钉着一方瑕玺的帽花。泽公素来就厌恶崔玉贵矫揉奸猾，借着几分酒意，当面指斥崔狂谬僭越，当场要把崔送到内务府杖责，幸好有同去朋友打圆场，才不了了之。可见清代末季执贱役的不准戴帽花，理法还挺严明呢。

谈到称呼各王府的如夫人，不管有几位都称"侧福晋"，《金凤缘》里有二福晋称谓，也是前之所无，而今有之。至于格格们管父亲叫"阿玛"，管母亲叫"额娘"，没有叫爹娘的，证之《四郎探母》，铁镜公主对太后的称谓，就可思过半矣。

我在旅泰期间，有几位新闻界朋友说："台湾影剧观众有一种好话多说，事不关己少惹麻烦的心理，明知演清代戏发型与事实不

987

合，顶多皱皱眉叹口气算了，反正是娱乐解闷，何必瞎操一份儿心呢（其实冤枉了观众，对于发型问题报章杂志迭有论列，可惜言者谆谆听者藐藐）！可是积非成是，下一代的青年人，根本不知道清代服饰孰真孰假，影剧是写实的，跟京剧是写意的大有不同。盼望岛内影剧界文化界注意及此，则台湾电视台的宫廷剧方能呈现在东南亚各国侨胞之前。"

回台后，看了《金凤缘》尾声，并且听宣传说请教了若干历史学者专家，结果依然故我，使人有如骨鲠在喉，不吐不快。所以就个人实际曾见过情形写点出来，至于人家能否采纳，那就非所敢当了。

再谈清装服饰

自从我在《电视综合周刊》第二六三期，写了一篇《谈谈清装服饰与称谓》后，有好几位读者写信给我，谈到两把头的燕尾问题，让我再说详细点儿。

早先两把头是用真头发梳，脖子后的燕尾，自然也是用真头发梳了，后来两把头改用黑缎子假头座，燕尾也就跟着改为假头发了。一些王公府邸讲究人家虽然改用假发梳燕尾，但是用别人的头发来梳，心里总觉得有点腻味，差不多都是用自己真头发，或者是自己家里头发多的人剪下一绺来梳，一则是用自己的头发来梳坦然自在，二来是自己的头发粗细、柔软、光泽，前后能够一致。

梳燕尾另有作坊，可是各王公府邸福晋、格格们戴的燕尾，专门有一种类似南方卖花婆的能说会道的婆子们包揽下来，再交给作坊去梳。这种婆子整天串东走西，身上背着一个大百宝囊，什么胭脂花粉，绣片针黹，花样鞋样，元宝底，花盆底，鞋帮上绣花，鞋底上抹粉见新，甚至于绣花被褥枕帐，全堂桌帏椅帔垫，她都无所不有。东北城的生意归一个叫"荷包满"的婆子独占，西城有一个叫沈步青（审不清）的包揽，只有南城外头，住的都是汉人，所以没有人承应。据说燕尾作坊梳好燕尾，必须经过她们修改，才够款式大方。她们瞧得仔细而且严格，指导作坊里师傅们衬里一定要用三三黑大缎，一方面不致把旗袍后背蹭得起毛，另一方面左顾右盼比较圆转自如。燕尾架子一定要用红绸丝，见其轻软滑润，缝燕尾中缝一定要用上好黑丝线（有一个电视剧梳旗头类似燕尾用红丝线，那就太扎眼了），头发在绸丝架上，要铺得匀称，梳得光滑。梅兰芳在文明茶园双庆社时代，每次唱《四郎探母》，铁镜公主的旗头，就是他元配王氏（王少楼姑母）给梳的。有一次那王府堂会，王氏问喀喇王福晋，她给兰芳梳的旗头有褒贬没有，那位老福晋心直口快说：大致不错，只是燕尾小了一点儿。敢情旗装少妇，越年轻燕尾越大，才显得时髦。这些讲究，现在更少人懂啦。

谈到清装妇女戴帽子问题，是中年妇女隆冬畏寒，冬季冻手冻脚，轻梳慢拢，实在觉得麻烦，于是改梳头为戴帽子。所以旗妇所戴帽子的帽檐，全是貂狐、海龙、水獭之类高贵皮饰，最不济也得用夹子绒、海虎绒等。帽檐既然用的都是珍贵皮毛，自然不会像电视剧上，福晋、格格们帽檐上累璧重珠、钉钉挂挂了。不过帽心、帽络是相当讲究的，这种帽心都是平金缂丝，苏绣湘绣，争妍斗奇，锦琦粲目才够体面。帽结（又叫"帽疙瘤"）至少要有鸽蛋大小，除了用红丝打的外，大多数人都是用小珊瑚珠子结成的。帽子后面还要钉两根平细后缯的飘带，上窄下宽龙纹凤彩，云头锁边盛饰增辉，跟电视上清装女帽头顶玲珑宝塔情形，也不相同。

前两天清装连续剧里又出现两把头挂蓝穗子。要知清代妇女服饰，黑蓝两色是半边人服饰上采用的颜色，紫色是侧室专用的颜色，是不容混淆的。清代虽然没有现代专门服装设计专家，可是服饰颜色规定非常严格，哪有像现代人的衣着款式颜色，爱怎样就怎样，那样方便自由呢！既然服丧，更没有两把头上戴穗子的道理了。

清宫古老的吉祥玩物

献岁发春，大家见面互道恭喜，说的尽是吉祥话，我想在此把一些个人所知老古董的吉祥物儿写出来，凑凑热闹，也算是给大家新春献礼吧！

皇帝给走红的军机大臣写春联

赐福在前清时代，上自皇帝，下至庶民，到了嘉平元旦，人人都要讨个好口彩，接触些吉祥物儿，图个喜见祥瑞，一年到头一顺百顺的。依照清宫定制，每年元旦凌晨，先由钦天监选定出行吉时，皇帝先到阐福寺拈香礼佛，然后回到建福宫开笔书丹，以迓新喜，然后御乾清宫西暖阁，召近支王公、内廷供奉、上书房满汉师傅们赐春条"福"字。据翁同龢日记中描述，皇帝写到"福"字最后一笔时，他连六叩首，俯伏在地，由两名太监将"福"字从他的头上捧过。这一动作，时间要拿得准，还要配合得从容镇定，才能恰到好处。谢恩之后，亲自捧着"福"字退出，认为无上荣宠。至于翰院词臣、御前侍卫，碰到皇帝高兴，也赏赐云龙朱锦"福"字，虽然黑亮圆润，那些都是如意馆供奉们的手笔了。写好之后，用双钩手法，制成粉漏，印在锦笺之上，皇帝蘸饱浓墨，照双钩一描而成，有的笔力豪赡，比御笔还要来得雄伟挺秀。除了拿一部分赏人外，还要封存一部分，等到来年再赏人。得之者都是皇帝跟前顶走红的军机大臣，美其名曰"赐余福"。得之者无不视为无上恩宠，甚至于死后的讣闻上，还要大书而特书呢！

"赏春条"后宫佳丽个个能写

赏春条。过新年在宫廷里赏春条是很流行的。除了皇太后、皇后、皇贵妃有宝玺，可以赏赐福寿字、龙虎字外，其余妃嫔也可以写春条赏人。这种春条长约二尺，宽约六寸，洒金朱砂笺裱在木条框上，由如意馆用双钩粉漏，漏出四个字的吉祥话儿，宜老宜少，例如"福寿康宁""俾尔寿康"，以及一般通用吉祥话儿如"驾福乘喜""福禄祯祥""三多九如""竹报平安"一类词句。好在书法都出自翰苑名家，泰半是馆阁体，只要能够执笔描红的人，全能体势逸韵。外间不察，以为后宫佳丽，个个书法清新，才高咏絮。当年北平琉璃厂荣宝斋南纸店在宣统出宫之后，曾在故宫采购了一批报废纸盒，其中就有各宫妃嫔们写好尚未得及赏人的春条若干幅，他们以每幅银圆两枚出售，比起街上买的春联典雅精致多了。

"递如意"消痰顺气

递如意是满洲贵族晋谒尊长的一种仪注。现在故宫博物院辟有专室陈列如意，尺寸较大例如三镶玉如意、七宝烧珐琅玉如意、簇金镶玉石嵌螺钿的如意，外加紫檀座玻璃罩，那是放在长条案或是匟床桌上的陈设。至于谒见尊长的如意，因为捧递方便，尺寸力求小巧，以质料言，那就金檀铜素、累璧重珠无法形容了。据一位内廷太监叫梳头刘的说："慈禧有四柄心爱的如意，一柄是吉林长白山里的一只冬荣瑞草，又名灵芝，天然长成一柄如意，面现云纹，柄呈紫赤，计龄当在千年以上。一柄是沉香木的如意，夭矫坚峻，刻削蟠屈，据说置之座前，可以消痰顺气，如有闷胀岔气，用之揉搓胸膈，立刻舒畅自如。一柄是长不逾尺的翡翠如意，产自云南尖山，通体璇碧，斐斐有光，炎炎盛夏，插架高拱，满室清凉。另一柄是顺治九年（1652）满榜状元麻勒吉呈献的，历顺治、康熙、雍正、乾隆四朝，一直陈列御书房多宝格里。这柄如意颜色黝黑，既非金石，又非角木，夏日蚊蚋不侵，如有凶杀疊耗并能事先示警。慈禧垂帘，这柄如意就成了老佛爷宝座旁边的爱物了，可惜庚子年拳乱，洋兵在内廷骚扰一段时期，等从西安回銮，这柄旷世奇珍也就下落不明了。"

现在故宫博物院辟有专室陈列如意，虽然没有什么精品，可是种类庞杂，式样繁多，足证如意在宫廷中如何受重视了。

"押祟荷包"皇帝腰间响叮当

押祟荷包。清代皇帝除了朝服之外，宴居便服总要束上一条鞓带，以便拴挂各种活计。一般人腰带挂的活计有荷包、扇套、褡裢、胡梳、手巾、匙箸套、眼镜套、火镰等，皇帝因随时有人扈从，平素只挂手巾、玉印、合符子（三寸多长，二寸多宽，状如宝剑头，上边刻有天地日月四字，玉螭龙纽的玺节），外加一只一擦就燃的火镰。依据清宫乾隆朝档册记载，从小除夕起到正月初二止，皇帝鞓带上，左边加上四只小荷包，其中黄刻丝珊瑚豆荷包内装"年年如意"一件，红缎拓金线松石豆荷包内装"双喜"一件，押祟小荷包一个内装金八宝八个、银八宝八个、宝石八宝八个、金锞子二个、银锞子二个、金钱二个、银钱二个；右边共拴小荷包六个，其中三个青缎拓金丝珊瑚豆荷包内，一装"事事如意"，一装"笔锭如意"，一装"岁岁平安"，其余三个黄缎五彩线珊瑚豆荷包是空的。这些钱币锞子彩错镂金，大如豆粒，备极精巧，宝石更是翠虬绛螭，是万中选一的精品。在新年这几天里，皇帝腰间累璧重珠，玉箔叮当，恐怕也不十分好受吧！

"年花"有不少是舶来品

年花。每年冬季一交腊八，御苑的花匠（宫内叫"花把式"）就忙起来了，香橼、佛手都要培植得成双成对灿烂盈枝，在宫殿里陈列起来。至于清高脱俗、众芳摇落独喧妍的梅花，如腊梅、红梅、紫梅、白梅、青梅、缘萼梅、一剪梅、鸳鸯梅，分别在文轩殿槛点缀得花团锦簇，就是在御苑的丹垣曲径也匠心巧运，布置得古朴错落，琢成佳境。岁朝清供的水仙，更是鼎彝环壁、月殿云堂里不可缺少的爱物儿。水仙的品种本来就多，内廷花匠颇有一些杂交育种的高手，民间认为最名贵的金盏银台在宫廷已不稀奇。宫里养的水仙以形来分有围裙水仙、漏斗水仙、螺旋水仙，以色来分有橙黄水仙、红口水仙、翠光水仙等。据说这些千奇百怪的水仙，都是康熙、乾隆时期从英法德意等国引进来的，民间难得一见。

康乾通宝、钱剑驱邪

康乾通宝。康熙、乾隆两朝所铸铜钱，厚重质纯，到现在仍为收藏古钱的人所看重。乾隆铜钱并且把铸钱的省份用一个字代表镌在制钱上，以资识别，并且可以考核该省官吏是否留心币制。一共把不同省份，铸了二十枚，成为一首诗。到了嘉庆时代，市井传说，如果把乾隆所铸制钱二十枚凑齐，用红线穿起来，既可驱邪，又能压惊。当时江苏如皋冒家废园里供有一座狐仙楼，有一个小孩在穹石曲渚间捉蛐蛐，不知怎样惊动了大仙爷，小孩子举措失常，整天胡言乱语，害得家人到处求神问卜。后来在伏魔大帝关圣帝君座前求得灵签，指示给小孩带上二十字的全份儿乾隆通宝，狐祟自然不来。果然带上铜钱之后，狐仙不再纠缠，小孩神志恢复正常，从此里巷轰动，传到京师。后来宫里造办处把乾隆通宝用红丝线编成宝剑，凡是未成年的阿哥格格们，到了除夕向皇上皇后辞岁，除了赏赐平安如意绣花荷包一对，另外还有一把钱剑，一律悬挂床头，要等过了元宵落灯才准摘下来呢！虽然驱邪避疫都是些无稽之谈，可是民国初年后，鼓楼一带小古玩铺还有钱剑待价而沽，一把剑也要卖十块八块银圆呢！

糯米做的聚宝盆

摇钱树聚宝盆。无论南北，民间过年家家都要用糯米做一个摇钱树聚宝盆，皇家也不例外。每年除夕由造办处进摇钱树聚宝盆，陈列在慈宁宫御座左侧。细陶罍缸，饰以金箔，蒸熟长糯，按五行方位，染为五色，中植蚪蟠多节五须松，高不盈尺，紫丝红线系漏绮谷𪉖犀，根柢虬瘿，也都玉箔叮当珍宝充牣。松下糯米平铺，布满缠锦裹银的各色坚果，有一泥捏的刘海手舞钱串在戏金蟾。

这个聚宝盆要等正月十八落灯才能撤走呢!

升官图好玩胜过电动玩具

升官图。宫廷守岁,皇帝有时一高兴,会跟没有分宫的阿哥们玩玩文武状元筹或是升官图。有人认为天潢贵胄凤子龙孙还玩什么抢状元升官图呢,其实不然。翁松禅相国曾经说过:"有清官阶,品流繁杂,升降黜陟,变幻多端,有明升暗降者,有虚贬实陟者,从玩升官图,可以窥知黜陟幽明的奥妙。"笔者最初玩的升官图是用"捻捻转"捻出德才功赃,以定升降,简单明了,没有什么奥秘可言。有一年在上海舍亲李府过年,大家守岁,他们拿出一张升官图来玩,六粒骰子,用宝缸来摇,双红为德,双六为才,双五为功,双三为良,双二为由,双幺为赃。每人先掷出身,然后每人用两个标志一官一差,再轮流摇出点子据为升降。如果是僧尼出身,只能升到僧纲司就休致了；如果不是科举正途出身，无论怎样转来转去也不能入阁拜相，制作得巧妙极了。玩了几次，对于清代的官职品秩才弄清楚，由此才知道宫廷中玩升官图，虽然是游戏，也有深意存焉。后来我们对这种升官图发生莫大兴趣，于是在《申报》《新闻报》征求历代升官图，上溯搜集到汉代叫"选官图"，虽然没有清代升官图订得完备，可是对于历代官爵，不至于瞎子摸象、分不出尊卑左右了，尤其是对读史书有莫大方便。前两年《汉声》杂志童玩专辑，封底刊有这种升官图半页。笔者曾提请吴美云女士他们找出影印全图，影印出来，可惜未被重视。我想既有残图，在台湾全图一定可以找得到，如果能找得到，把它重新绘制出来，在春节期间大家来玩玩，那比打电动玩具，对中年以上的人，可能更有兴趣呢！

清代宫廷童玩

一般人总认为宫廷里儿童游乐，必定是花样百出，有异民间。其实玩耍方法差不多都是大同小异，有些剧烈点的游戏，宫中执事人等怕发生危险，还不敢领头倡导呢！

余生也晚，清朝同光时期没赶上。所有耳闻目睹的，不过是清帝逊位，瑾、瑜、瑁几位太妃带着宣统跧处紫禁城里，短短几年时光而已。现在就写点出来，供读者参考。

宫内养狗的风气极盛，据说自从康熙登基诛杀顾命大臣鳌拜之后，为了防身，所以提倡养狗。后来不但后、妃、阿哥、格格们养狗，就是太监、宫眷们，没事也要养上几只狗来逗乐解闷。宫里养狗除了看宫护院的西藏大獒犬外，一般养狗讲究头大脸宽、腿短毛长的哈巴狗，尤其体形越小越名贵。据说这类最小的狗又叫"袖犬"，冬天可以藏入人的袖筒子里取暖。北方人隆冬穿一种鞋，重棉厚底，叫作"老头乐"，卧入炕前的老头乐里，就是袖犬的安乐窝啦。据宫监们传说是明朝万历年间，一位掌印太监叫杜用的，把这种迷你小狗引进内宫而加以繁殖的。养袖狗有一套秘诀，而且要特别仔细。到了民国初年，袖狗在外间已经极为稀见，可是要肯出重金跟宫里太监掏换一两对，也许还可能得之。

宣统跟他的后妃婉容、淑妃文绣都喜养小狗，没事就训练小狗学玩意儿。有几只爱狗什么拉车、推碾子、叠罗汉、叼竹筐样样皆精，而且百无一失。其中有一只锦毛叫"乌嘴"的狗，能一层一层地跳四层箩圈。民间耍猴的，有小狗跳圈一场，能够每次跳两层就算挺不错的了。他的狗能一口气跳四层，足证在训练上是下过功夫了。

有一年大概是庄士敦（宣统的英文老师）的关系，宣统忽然对洋狗发生兴趣，骤然之间，他身边多出了各式各样的狼犬有十几二十只，虽然有专司喂狗的太监，可是狗的只数太多，一个失神照顾不周，就会扑噬伤人。有一次溥杰买了一根新式手杖，携带进宫，有一只虎头狗不知什么缘故，忽发兽性直扑而上，幸亏宫监们发觉得快，拥上抢救，虽然没被咬伤，可是溥杰的衣袖已经撕得片片飞舞了。后来被端康皇贵妃知道此事，让把每只洋狗都戴上了嘴罩，否则还不知要伤害多少人呢！

"英文字接龙"这个游戏也是宣统学英文之后常玩的。宣统学英文之初，用功很勤，总想多记点生字，于是庄士敦老师就给他想出这个游戏来。方法是随便拿一本英文书，说明是第几页第几行第几个字，假如翻出是

people 尾字母是 e，接下去的人就要说出一个以 e 开头的字来。大家都以前一位所说英文末尾字母开始，周而复始，直到轮到某人接不下去为止。这种益智游戏的确可以多记些生字，不过有一禁例，就是谁也不准手上拿着字典词汇来翻。不过王公子弟、勋戚近臣会英文的不多，人太少时只有拿伴读的小太监们来凑数了。有一个叫得贵的小太监不但聪明便捷，而且记忆力特强，只要屋里空气一沉闷，他能用三言两语，就引得大家哄堂大笑，气氛转为轻松。他在宫里有个外号叫"傻二哥"。说他傻，其实他比任何人都精明机灵，只是擅长装傻充愣，不容易让人察觉罢了。他多半时间是在养心殿当差，因为年纪太小，也只能擦擦桌子扫扫地，做点轻松的工作。养心殿套间有一部《韦氏大字典》，有一个木架子架着，傻二哥没事就在架子前翻字典。他专记不常用的字，遇到宣统接不下去的字，他不是暗中提示就是代为支招，因此一玩接龙绝是宣统赢的时候多。这种英文字接龙的游戏，在宫里玩了有好几年之久，一直到宣统大婚，这个游戏，才渐渐地消失了。现在想起来这个游戏的确可以帮助人多记英文单字，可惜现在玩的人不多啦。如果有人打算多记点生字，这个游戏还是值得提倡的。

御苑深处话宫娥

　　阆苑深锁，红叶传诗，大家对宫娥彩女在皇宫内院如何生活，都会感觉相当神秘而有趣的。明代的宫女，一经膺选入宫，最幸运的，自然是欣承圣眷，雨露沾恩；其次能够赏赐近臣宠将，也可出头有日；最惨的就是深宫沉寂，白头宫女，长巷埋芳了。到了清代，顺治皇帝鉴于前朝之失，宫女及笄，准其出宫择配，也可以说是清宫内廷一件德政。

　　清代的宫女，全部选自旗族，由内务府董其事。宫女每四年一选，凡贫困旗族，家里有八岁到十四岁的女孩，都可以到内务府申报登记，等到挑选时，由内务府通知初选。初选时，只要五官端正、行动敏捷、口齿清楚的，都可以名登初选，册送入宫。复选是由皇后指派贵人、嫔、妃率领嬷嬷们主持复选，一经入选，就由内务府跟宫女家属立契存证。

宫女进宫，第一件事就是剃头洗澡，小姑娘跟小男孩一样，从脑门到鬓角，一律剃光，等到十八九岁，上人见喜，上头关照可以把头留起来吧！此后就可以把前刘海儿留起来，也就表示这个宫女圣眷渐隆，行情看涨了，大家都赶着来道喜称贺。

刚选进宫来的宫女，最忌尿炕，如有月犯三次者，就须驱逐出宫。可是没见过世面的女孩，进宫后所见所闻，都是陌生的，整天过的又是紧张的生活，反而平素不尿炕的，到了宫里也尿起炕来了。宫女是由嬷嬷们调教管理的，每天第一件事，是从脖子到脸上打粉底搽雪花膏，然后教导应对、进退宫廷礼仪。聪慧的，学习三个月就可以值班掌差了。能够选上当差，就有月例（即工钱）可拿，拿多拿少那就要看自己的福慧和上头的高兴了。

宫女的家属，每月准许进宫看望自己的女儿一次。我们逛故宫博物院，看见顺贞门外甬道有一排又小又矮的屋子，那就是宫女会见家属的地方。除了最得宠的宫女昼夜不离地伺候主子外，一般宫女，并不是天天都出来当差的。有三天一次的，有五天一次的，大概越红的，当值越勤，由每月当差的班次，也可以看出宫女的红黑。宫女因为当值，过的都是紧张生活，动辄得咎的，所以轮到休班的时候，大都尽量轻松一番。最显著的，就是早上起床后，搪把脸漱漱口就算，既不搪粉弄脂，更不描眉画鬓，穿着也是随便极了，要强的宫女，学刺绣、写字、书画，喜欢玩儿的就打上纸牌了。谈到这里，附带一提的，就是目前最流行的麻将牌，在清宫里是找不到的，逢到岁时令节，宫中顶多玩玩纸牌，赶老羊，掷掷升官图而已。至于清宫的纸牌，是苏拉们没事时候，自己刻板，自行印制的。牌分大、中、小三种，不但画面清晰，而且绝不脱色，比起坊间制品，当然要细致好看。偶然有几副流入民间，大家都珍藏起来，舍不得使用。一直到民国二十几年时，北平旧家，仍然有人藏有清宫纸牌的。

宫女开始当差，衣履、花粉和饮食都由内务府供给，另外每名按月发给月例，最低四两，最高二十两，此项月例，毫无标准，全凭上人见喜。例如正月月例，核定八两，因为某一件事称旨，下月可能升为二十两，也有一件事有违上意，立刻月例由二十两降为四两的。其实宫女根本不在乎月例多寡，而在乎平日各宫的赏赐。到了二十岁左右，红宫女要是奉旨准其梳两把头，赏穿花盆底的鞋子，大约就快熬出来了。梳上头，再在宫里侍候两年，多半儿就可发放出宫，准其择配。有的宫女出宫，大包袱、小箱子，真有比一任肥县缺还丰裕的；至不济的，也可以弄个三五百两银子。在当时成家立户，有三几百两也可以算作小康之家了呢。直到一九四九年之前，北平还有几位老宫女，可是都已白发满头，儿孙绕膝了。

清代的宫廷女子生活

　　不管是大陆唱鼓儿词的，还是台湾讲古的，一提到历代帝王后宫，总是离不开三宫六院七十二偏妃的说法。唐宋元明因为去古已远，后宫情形，无法详知。可是依据清代史籍，以及私人札记，从顺治开国以迄宣统逊位，好像还没有哪位皇帝有那么多妃嫔的呢。

　　清代后嫔——由皇后、皇贵妃、贵妃、妃、嫔、贵人、答应、常在共分八等。

　　宫里伺候后嫔的嬷嬷——分管事嬷嬷、细做嬷嬷、粗做嬷嬷，另外一种就是后嫔家看妈、奶妈，随身使用出嫁女婢等人。

照民间习俗小姐出嫁，有钱人家都有随身侍婢、贴心女佣一同陪嫁。可是宫廷之中，就是母仪天下的皇后，大婚时候也不准有丹臣家（后妃家称丹臣）女佣侍婢陪嫁进宫的。后妃入宫之后，原在家中使用干练的女佣，可以传唤进宫侍候。经过内廷管事嬷嬷暗地考查，性行端正、沉静寡言、无不良嗜好者，才能请领大牌，在内宫长期当差。至于后妃未膺选进宫之前，所用的贴身婢女，不管是怎么明慧得用，如果是云英未嫁，格于宫禁规章，一律是不准入宫的。据说清初鉴于前朝奉圣夫人客氏，勾结权阉作奸犯科，秽乱宫闱，几乎把整个明室倾覆；所以对于后宫侍从人选，不得不特别审慎甄别，以免再蹈前朝的覆辙。

清代祖制是不册立太子的，皇子一律照排行叫几阿哥，公主照排行叫几格格。如果哪一位皇帝子女众多，每一个阿哥、格格都有好几位奶妈、看妈。虽然是各依生母分宫而居，可是在用人人数比例上，也就不算少啦。一旦哪位皇子幸承大统登基，他的奶妈、看妈，自然就神气起来了。清代虽然赶不上明代皇帝奶妈那样威风，册封赐邸（北平有一石老娘胡同就是明代一位皇帝奶妈的赐邸，张宗昌在北平就住此宅），可是后宫管事嬷嬷这个差事，皇上的奶妈，总是最优先考虑的人选。

此外就谈到宫女了，豹尾离宫、云房水殿，历代文人笔下，总是宫闱缥缈，御苑春深，把宫环秀女在掖庭的生活，不但写得多彩多姿，而且扑朔迷离令人莫测，其实说穿了，也没有什么离奇的。

清代的宫女，全都从旗族挑选，不过比起选后、选妃，条件就放宽多啦。后妃出身一定要从八旗秀女中遴选。至于挑宫女，凡是驻防旗、汉军旗、内务府旗人、包衣旗人，家里有八岁到十四岁的女孩，都可以申请列册，由内务府先行初选。只要眉目清秀、举止端庄的，大概都能合格。再经过后宫复选决定，就算正式宫女啦。刚一进宫，因为年纪小，脑门头发都是剃光不留的，算是小宫女。等年纪稍长，当差灵巧，上人见喜，准许把头发留起来，就算渐渐熬出头啦。等到恩眷日隆，赏给穿戴，梳起两把头来，那就成了宫里红人，过不几年，不是指婚，就是遣嫁出宫跳出樊笼了。

内宫细琐的事跟外间好多是不相同的，现在按衣食住行大致来谈谈。

每逢岁时令节，喜庆大典，皇后头上一定要戴点翠珠络的"垫子"，身穿团龙绣服。至于一般庆典梳上两把头、穿上氅衣就可以啦。非到燕居休息不见外宾时候，才能卸下两把头，梳个旗髻，换上平底鞋疏散一番呢。皇后以次的妃嫔，平素跟有大典的日子，都得梳着两把头、穿花盆高底鞋，日常身穿旗袍加坎肩或马褂，逢到大典换上氅衣而已。至于嬷嬷宫女，该梳头的梳头，该打辫子的打辫子，遇有庆典，加上一件马褂而已（旗装妇女可以穿各式各色马褂）。

谈到上方玉食，在大内吃的问题可复杂了。清代的帝后，是各有各的膳房供应饮膳的，有御膳房（又叫寿膳房）、茶房、奶子房、饽饽甜食房，平日分膳（各吃各的）时候多，合膳（并案而食）的时候少。妃嫔如果分宫（有了自己的寝宫），御膳房也就要每天预备膳食，可以独自享用了。

皇上皇后的全膳是大小一百二十八件，半膳是七十二件，还有四十件、二十件的便膳，那就是各宫妃嫔用的伙食啦。帝后平日差不多都进半膳。逢年过节、喜庆祭祀才进全膳，不过皇后每餐席面总比皇帝多个十样八样，第一是皇后母家不时有新鲜佳肴供奉，第二是各宫妃嫔不时也会奉献些各人专擅的拿手菜点给皇后尝鲜，皇后认为可口，再由太监们转献皇帝御用。依照规定，妃嫔是不得径行呈献皇帝御前的，因为明成化年间有位田贵妃，进了一篓月母鸡汤，内中下毒，几乎酿成大狱，所以到了清朝定为禁例。

分宫妃嫔虽然自有膳食，可是独自舒舒服服吃顿安乐饭的时候也不多，因为早膳晚膳，不是皇帝传侍早膳，就是皇后传侍晚膳，越是走红的妃子，越得不到休息。至于嬷嬷宫女，她们的饭食，另有伙食房子供应，御膳房是不管的。所有各宫撤膳所剩下的残肴，都由大小太监撤回御膳房，除非各宫主子们指名哪碗菜赏给某一嬷嬷、某一宫人，才能磕头谢恩领赏呢。

内宫开饭叫"传膳"，午晚餐时间比民间吃饭时间为早，午膳是十点半，晚膳是四点半。因为早朝时间太早，所以午晚两餐都跟着提前啦。不过，歇晌午睡（宫里叫歇晌）起身要吃一餐下午茶。不但奶品点心、干鲜果品珍馐悉备，一律用红漆圆盒进呈，每盒八色，一共四盒。冬季是奶油酥茶、各式香茗；夏季则换上酸梅汤、果子露、奶酪、凉粉、杏仁豆腐一类饮料伴食。盒子里吃食，件件细润甘沁，香滑绕舌，那些金浆玉醴，都是外间难得一见的小吃（后来北海五龙亭虽然开了一家饭馆叫仿膳，据说会做全仿果盒，民国二十年要三十块一桌，比燕菜席还贵，价钱这么高，可是做的东西并不完全地道）。

中国人是有随时喝茶习惯的，每个宫里都有自用的茶炉房，专管烧水沏茶工作。至于茶的种类，龙团、雀舌、武夷、六安靡不悉备。不过宫廷一般都泡的是混合茶，以香片龙井为主，还要加上点儿珠兰水仙一类香茗，分量增减，那要看主子们的口味了。嬷嬷宫女们住处也都设有茶炉，不但随时有热茶喝，而且有热水用。至于饮用水，各处都有甜水井，是取之不尽、用之不竭的。可是皇上皇后茶炉房用的水，则是每天一趟，用骡车从北平西郊玉泉山泉眼里汲取拉进宫里的。这种水车扶手插着一方杏黄色的旗子，在车道慢条斯理地赶着走，一直到宣统出宫，这种插黄旗的进水车，才在街上绝迹。

在宫廷里以衣食住行来说，住是最差劲的一环了。

盛夏酷暑，虽然没有冷气、风扇设备，可是各宫殿高竖敞亮，前廊后厦，水盘承露，冷玉凝霜，有的是后海冰窖整方的天然冰，放在殿的四角，夏屋渠渠，如在清凉世界。可是到了三九隆冬，就不太好受啦，虽然殿里都用库缎栽绒，做起百衲的棉隔扇来，又有取暖用的白灰垩泥巨型火炉，外加铜架，用木制炉圈围着，因为殿宇宽广，身衣重裘，仍然觉着冻手冻脚。不比起嬷嬷宫娥们屋窄人稠，大家挤在热炕上做做活计、斗斗纸牌来得惬意舒坦。

谈到热炕，就想起后妃睡的木板炕了。那种木炕多半是窄而长的，炕上两边都放着小条桌，除了陈列钟表珍玩之外，还可以存放随手杂物。虽然垫的褥子很厚，可是比起钢丝绷子、弹簧软床，那就逊色多啦。所以清代末年，北平三贝子花园（原名乐善园）畅观楼慈禧行宫里，给太后老佛爷预备了一架钢架子钢软丝床，如絮如绹的软床，比起内宫的木板炕，当然要舒适解乏多了。因此这件差事，颇蒙太后老佛爷激赏，对承办的执事，着实夸奖一番呢。

宫廷各处，除了宫女的下处有厕所外，各宫的寝殿都没有厕所的设备。凡是大小关房（大小解，内廷称大小关房），都由当值的嬷嬷宫女把特制的溺器，抬入寝殿，用完即行抬走。比起一般民间如厕，真是既麻烦又不便。不知道的人，以为皇家饮食起居服御，一定是华缛绵缅，天上人间。其实宫闱凝重，凡事悉有定则，您如果逛过故宫就可以想象得到。拿宫廷里宝座来说吧，每只都是方方正正、庄严肃穆的，怎比得上沙发椅子来得松软宜人呢？

谈到教育的问题，清朝从同治、光绪到宣统，都是冲龄践位、继承大统的。南书房课读的师傅们，当然都是翰林院出身、千挑万选饱学之士。至于公主们的师傅，也都是年高德劭、知名之士。各府的格格、宫里年轻的妃嫔宫女，有的是奉命，有的是请求，准许进宫附读。有些兰质蕙心的宫婢，后来出宫遣嫁，把宫闱窗课的诗词抄出给外界人看，有些清新华贵，有的秾纤委婉，可惜御沟红叶，不易流到民间罢了。此外琴棋书画、骑马击剑，不论是皇子或公主，只要你打算学习，就有专人指点。当年才女缪嘉蕙，就是宫廷中指导习画的有名供奉。以习武出名的，有内务府大臣世续的儿媳，不但剑术高超，就是拳脚方面，等闲十个八个人都近不得身，那是入宫学的本领。不过闺中雅兴只求健身自卫，平素不愿炫耀而已。

至于宫中娱乐，那真是写之不尽，说之不完。凡是册立到皇贵妃，有了印玺，就可以对臣下赏赐御笔字画了。长日无俚，展开画案最普通的是写一笔龙虎、福寿字，或者四字的春条，有的用笔矫健清劲，有的笔势凝厚雄奇，其实那字不管行草，都是如意馆供奉们把字写好，做成漏斗，用细粉漏在纸上，写字的人，只要笔浓墨酣，像描红摹字描下来，自然龙飞凤舞，跃然纸上。

端午节赏朱砂判官，整个判官由如意馆画好，只留双睛不点，那是留给主子们用朱笔一点，画龙点睛就算大功告成。此外画团扇绘大件的条幅，每轴也莫不如此，只把其中某一部分勾勒着色，就算那位皇后、那位太妃的御笔了。

宫廷里平日是严禁赌博的，只有除夕到元宵落灯，可以金吾不禁，稍稍放松点。可也只限于掷升官图、十二金钗游太虚幻境、赶老羊、七添八拿九端锅，所谓斗牌也不过是打十胡、摸索胡而已。至于牌九、开摊，算是真正赌博，内廷是绝对禁止的。最奇怪的是民间从咸丰年间打麻将就渐渐流行，可是宫里从慈禧垂帘，一直到宣统出宫，都没见哪个宫里有麻将牌声呢。据宫里老太监说，打麻将因为是四圈才算一局，时间太长，不能随玩随散，所以宫廷始终没能行得开。

北方放风筝也讲究季节的，清明前后大地春回，云淡风静，风向稳定，大家就都放起风筝来了。宫廷的风筝是由内务府雇用巧匠专门糊扎的，人物有飞天、麻姑、天官、寿星、悟空、杨戬等，虫鸟则有龙睛鱼、海螃蟹、大蜈蚣、小青蛙、苍鹰、蜻蜓等，最难放的是福、禄、寿、喜，还有八卦、七星一类的叫"大拍子"的风筝。不但要一把子臂功才能抖起来，又因为拍子平平实实过分兜风，不是放的接近罡风，很容易一个筋斗摔下来。其实宫廷放风筝全是由年轻小太监抖起来交给妃嫔们放放线，就算放了风筝啦。

宫里放风筝都在长巷，一放就是二三十只，有头有脸的宫女也都让她们每人牵着一只，等到主子意兴阑珊，就用剪刀把绳弦一剪，让风筝随风飘向九霄云外，叫作"散灾"，可以保佑自己没灾没病。当年皇城外面住的青皮恶少一看见宫里放起风筝，立刻呼朋唤友，在东西筒子河两岸（皇城外围护城河）愣用铁标把宫中放在天上的风筝撂下来。要不是宫里旨在散灾，那班青皮有几个脑袋敢撂宫里的风筝呀。

宫里经常的娱乐是听戏，依照惯例，宫中演戏，每逢初一、十五各演一天，端午、七夕、中秋各演三天，新年期间，从除夕起到正月十六止，演足十七天。后来慈禧垂帘听政，她的寿诞是十月初十，所以在万寿前三天后四天，又演七天戏。有个机关叫升平署，不但昆弋乱弹，而且能编能演，说白了就是御用戏班。后来慈禧太后认为听来听去总是那几出戏，看来看去总是那几个熟面孔，提不起兴致，于是把外门的名角，传差进宫演唱，像王瑶卿兄弟、十三旦、杨小楼、梅兰芳、王蕙芳、陈德霖那些老一辈的伶工，都进宫当过差。平日小型传差，多半在敬胜斋演唱；逢到岁时令节，喜庆万寿，那就改在漱芳斋爨演了。只是那一天唱戏，主子们专心听戏，事情就少多啦。宫女们最喜欢传差唱戏，当值时候，琐碎事一少，也免得时刻提心吊胆怕出舛错啦。

七夕佳节，宫中也是顶重视的，据说在六朝和隋唐时代，乞巧节就在宫廷里盛行。满洲有一种风俗，在七夕前一天，用一个瓷缸，盛上清水，把缸放在院子里，承接夜晚天上落下来的露水，这种水叫"乾坤水"。到了第二天，当新月初升、星斗出齐的时候，凡是在宫廷里未出阁的小儿女，不分尊卑，各人都捡些细小的松针，围在瓷缸前面乞巧，这个名称叫掷花针。

把松针掷在水里，等松针浮上来，看看下面映出的影子，是什么样，就可以判断这个人乞到巧了没有。假如水里影儿纤细清楚，就是天孙赐福传给灵巧；相反的，水里影儿弯曲粗壮，那就是没有乞到巧。有些灵慧得宠的宫女故意采点歪扭的松针往水里放，说是天孙给了一根石杵，以资笑谑媚上邀宠呢。乞过巧就该祭仙啦，祭仙多半是在御花园堆秀山上，除了时鲜瓜果之外，几张方桌摆满了都是妃嫔宫娥钩心斗巧做的牛郎织女穿戴衣饰用具，诸如牛郎戴的斗笠、织女手中的云帚，笠不容指，帚不逾寸，黼黻绨绣，迷离耀眼，等于开了一次针黹比赛大会。

在大陆有句俗话，是"男不拜月，女不祭灶"，在宫廷中也是一样。拜月主要的是月宫祃儿，民间是纸糊木刻彩印的，到了内廷，月宫祃儿是由如意馆在素绢工笔绘制进呈的。供品除了由饽饽房供应整套自来红、自来白的月饼外，水果以西瓜、鲜藕、虎拉车（类似苹果的一种水果）为主。此外，最少不得的是有枝带叶的毛豆、整把的鸡冠花。这些工作都由宫里嬷嬷宫娥安排布置，绝不假手一般内监。等拜月完毕，多半是在御花园里绛雪轩排宴赏月。因为那里翠瓦飞檐，明晖射壁，灵台宏敞，蟾魄初吐，景物幽绝。当筵宫娥捧斝进酒，吴歌凤琯别殿笙簧，更觉清幽有趣。宴罢，往往已是月过中天了。

献岁发春，律吕调阳，过年是宫廷生活主要的令节。从乾隆六十年（1795）起，皇帝寅时在乾清宫升座，御前大臣跪颂吉祥之后，侍卫送上奶茶，喝完立刻起驾。出日精门，到上书房东边圣人殿，其实只一间小屋，在大成至圣先师孔子神位前行过大礼，然后乘舆到堂子祭神，祭祖还宫，接受王公大臣的朝贺，才轮到后妃们递如意颂吉祥。

除夕辞岁，是长辈给晚辈压岁钱的时候了。民间是红封套，宫里是用平金或绣花大红荷包，里头装的不是金银小如意，就是金银小锭子、小元宝，虽然分量都不重，可是都铸得非常玲珑精致。一直到宣统出宫之前，宫里仍然以荷包作赏赐，里头从没有放过钞票银圆呢。宫里的嬷嬷们对宫女也要给荷包压岁，大宫女对小宫女也要点缀一番。所以在春节期间，有些小宫女大襟上挂满了大小荷包。元旦各宫的妃嫔，以及进宫朝贺的王公命妇，都要向皇太后、皇后各宫的主子呈递如意。这真是奇乔叠绝，珠聚星编，令人目不暇给。

民国吃水饺，满洲叫吃煮饽饽。元旦起，宫中要吃五天煮饽饽，不过初一要吃素馅，初二到初五才能动荤。据说元旦祭堂子，所祭都是天神，尤其满洲所奉的纽欢台吉、武笃本贝子，为了一示虔诚崇敬，所以持斋茹素一天。

南方祭财神是正月初五，北方祭财神是正月初二，这才开荤吃煮饽饽，又叫"捧元宝"。这顿元宝的馅子，以慈禧来说，一定是率领隆裕皇后、珍瑾两贵妃、瑜珣瑨妃、格格们，以及常侍左右的命妇们等亲手包制。说是捏住小人嘴，不要胡说乱道，同时把一只小金如意随意包在一只饽饽里。

善于逢迎的太监，像李莲英一类人物，

早把羼在大家所包的饽饽里的那只有彩的默记于心。这只金如意必定是老佛爷吃出来，大家又欢呼老佛爷一年吉祥如意，福荫众生，而老佛爷欣喜自负自己福分比别人都大。光绪戊申年（1908）正月初二，竟然没吃出如意来，老佛爷当然心里不舒服，问问大家，都说没吃出，实在是皇后无意中吃出，而不敢声张，偷偷递给李莲英，李说饽饽有煮破了的，可能掉在锅里，由李从锅里拣出呈览，才算了结这件公案。

有清一代，去古未远，宫掖可写的趣事尚多，一时也说不完。等将来有机会再写吧！

昔日最高学府国子监

去年"双十"节，成大林教授介绍一位荷兰邓霍尔先生来看我，接谈之下，他是来台湾研究中国风土文物的，最近他在一本书里看到庄士敦先生拍摄的几张北京国子监的照片。他对于前朝皇帝"临雍讲学"这一套制度，觉得好奇，这对于现代的莘莘学子也有若干鼓舞作用，所以很想知道国子监的概略情形，林教授一太极拳就打向笔者来了。笔者离开北平已经三十多年，当年先伯是官学生，每月初一、十五，要到国子监听"经授"课，笔者有时追陪先伯到国子监随班听祭酒讲"经授"课，博解宏拔，肃括精深。

当时年幼听了似懂非懂，兀坐无聊，于是偷偷溜出来东瞧西看。听经受业虽然毫无所得，可是对于国子监里的一切情形，了如指掌，历久不忘。

国子监在北平安定门内孔庙西边，和孔庙是有门相通的。它最初建于元代至元二十四年，在元代是最高学府。到了明永乐年间，修建改为国子监。到了清朝乾隆年间，又加扩大，距今是六百多年前的建筑物了。

国子监大门——集贤门，是一座黄色琉璃瓦文采灿明的大牌楼。集贤门里，便是国子监最突出的建筑"辟雍"，它是一座重檐四垂、桁梧复叠的大殿。殿的顶尖上，安了一颗巨大镏金宝顶。锦云金阙，映日增辉。殿外环以月牙池，池上围着汉白玉石栏，虬龙顾尾，丹凤衔珠，雕琢工巧，气象万千。四面有石桥可通，殿中设有讲经宝座，是皇帝"临雍讲学"的讲堂，旁边竖立乾隆写的"御制国学新建辟雍圜水工成碑记"石碑。

辟雍后面，正南有奂奂宏荣的彝伦堂，堂的正中设有康熙皇帝御制"祭酒箴"屏幕，雅瞻工致，爕爕齐立，发人深省。东庑有"绳愆厅"和"率性""诚心""崇志"三间讲堂，西庑有"博士厅"和"修道""正业""广业"三间讲堂。彝伦堂是国子监祭酒讲学和生员谒见宗师、座师的场所，东西上堂是监生们听经、受业、解惑的课室。

国子监祭酒，在清代是满汉各设一员，虽然官阶只有从四品，可是国子监是高等学府，国子监祭酒更是经常衡文量才清高的京官，像晚清国子监祭酒盛伯羲（昱）不但是衡文高手，而且刚棱疾恶，耿介宏达，蔚成一代文坛盟主。

据传说，每科殿试传胪之后，大魁天下的新科状元，要率领全榜的新进士，到国子监行释谒典礼，所有贡士都要大礼参谒祭酒。祭酒朝衣朝冠，巍然北面高坐，肃静无声，受新贵们谨敬参拜。相传祭酒只要微露笑颜，或是欠身招手，都对新科状元公不利的。盛伯羲祭酒在光绪恩正并科进士中，有十多位跟盛伯羲平素都是交好甚厚的老友，倘若夷然不顾坦而受之，内心必有不安。先自抑谦又恐对新科举子们不利，后来被他想出一则绝妙高招，等新贵人们鱼贯进入彝伦堂，他就闭目合睛默诵《圣谕广训》一段，等他念完，正好参谒大礼告成，就不致失仪了。萍乡才子文廷式跟盛伯羲都是清流派中坚分子，文给盛起了一个外号叫"背书祭酒"，文的"驴面榜眼"也就是盛老投桃报李的杰作。这段文坛雅谑，现在知道的人恐怕不多了。

国子监大成门过道左右，陈列着周宣王大狩，史籀作文字记功，刻为石鼓形，鼓共十只，东西各五，每只石鼓圆径只有三尺多。据说唐代中叶原存陕西凤翔府的孔庙，可惜因为久弃荒野只余九只，到北宋时，才向民间搜得，凑成完璧。鼓文因为汉唐时期，散弃甚久，风雨剥蚀，宋代大儒欧阳修所见石鼓仅存四百六十五字，宁波天一阁所藏北宋拓本四百六十二字。据以写石鼓著称的吴缶老说，这算是他历来所见最完整的拓本了。笔者在上海见刘公鲁收藏的石鼓拓本仅残存二百六十七字，沈寐叟、朱彊村均有题跋，认为公鲁所藏字少而精，仍是海内善本。国子监从前有一位崔姓司库酷爱石鼓，搜藏拓本有四十余种，其中多者达四百六十一字，自称是海内最完善孤本。其实乾隆皇帝临雍讲学时，看见原刻日益漫漶，于是选石考正，费了近四年的时间，才把新石鼓摹勒完成，共得四百六十四字，仅次于欧阳公所见珍本，比崔君海内孤本还多出三字。民国二十年左右，如果到国子监观光访古，这种拓本碰巧还可以搜求得到，售价也不过是二十枚银洋左右而已。国子监彝伦堂西侧，有一棵古槐，丫杈耸矗，是元初大儒国子监祭酒许衡（世称鲁斋先生）亲手栽植的。清荣峻茂，令人对前代先贤的宏达博雅，兴起无限钦佩。

还有一件引人注目的文献是清代儒生蒋湘帆穷毕生精力，用了十二年时间所写的《十三经》石碑，林林总总一共一百九十座石碑，淡荡雍容，鳞次栉比，陈列在后院太学门东侧。笔者每次到国子监，总要到那片碑林瞻谒一番，这种毅力气魄，足供后世的垂范。

国子监仪门外，还有一座嬴镂雕琢的巨型石碑，为明太祖朱元璋训示太学生的敕谕，是用白话文写的，和彝伦堂清康熙皇帝玄烨写的《祭洛箴》，一座典丽一座通俗，拱立对峙，异常有趣。胡适之先生生前说过朱洪武那篇白话文清新朴实，气格老成，是白话文的上选。北京大学中文系教授则认为剑戟森森，出自帝王口吻未免恣肆卑俗。总之无论如何，这两座石碑，都是国子监重要史乘的参考资料。近来听说前几年"红卫兵"，对于名胜古迹尽量破坏，把保存了六百多年的最高学府蹂躏糟蹋得面貌全非，然后付之一炬，远道传闻，是否属实尚未定论。今因为邓霍尔先生的垂询，把记忆所及，特地写出来，不知对于邓霍尔先生研究国子监沿革能有所助益否？

衙门里的老夫子

从前大小衙门，都请得有老夫子，多者十位八位，少者也有三位两位。所谓老夫子，是衙门里上上下下，对师爷的尊称。一提师爷，大家总会联想到绍兴师爷，其实师爷并不全是绍兴人，哪一省哪一县都有作幕当师爷的。不过绍兴人作幕的多，加上父以荫子，亲戚至交互相吸引，人数越来越多，而且熟能生巧，案例瓜滚流熟，名幕迭出，因之师爷，好像是绍兴人专用的名词啦。当年新官一授职，还没上任，首先要物色适当可靠的师爷，有的是自己聘请的，有的是亲友引荐的。反正什么样的官，请什么样的师爷。从来没有跟过督抚，又到府门去当老夫子的，您固然不敢请，他也不会来屈就。严格说起来，所谓师爷也分三六九等，您要请西席，也得恰如其分，办起事来，才能左右逢源呢。

师爷在衙门里的地位，颇像现在各部会的参事，又像机要秘书，可是师爷如果得到主官的充分信赖，予以授权，加上主官有权而不轻用，那这位师爷可以乾纲独断，他说了算数，不但现在参事秘书没有那么大的权力，就是秘书长以至于主官本人，要是本机关最高会议把这件事否决了，主官也只有干瞪眼莫法度，还不如旧式衙门里红师爷的威风赫赫呢。

师爷在地方机关，要按现在职位分类来说，可分为两类，一类是主管刑名，一类主管钱谷。要是中央行政部门，或者够得上专折奏事的衙门，师爷也分两种，一种是专司笔札应酬文字的叫书启师爷，一种是专拟奏折公文的叫总文案（背后又叫"红笔师爷"）。

主管刑名的师爷，等于司法官，有权批判刑民诉讼，可以说执掌生杀予夺的大权。主管钱谷的师爷，等于现在的税捐处，所有钱谷田赋以及财务上的征收事宜，统统归钱谷师爷掌管。

在彼时主官跟师爷，算是东宾关系，延聘的西席，不是长官对部下，从属关系。所以主官对师爷，不管是掌文案的司书启的，刑名也好，钱谷也罢，一律都称呼老夫子，师爷则称呼主官为东家，或者是东翁。无论是州、县、府、道，或者是藩臬、督抚，只要请到品学兼优、有为有守的老夫子，他们各自掌管职司，那身为主官的，真可以说是优哉游哉，垂拱而治了。

那些作幕的师爷，不但是世袭罔替，各有绝活儿，而且里里外外，上上下下，他们好像有个同业公会，互通往来，非但声息相通，而且彼此全有关照，知道怎样趋吉避凶，怎样大事化小。尤其是新任交接，他们都能面面俱到，既不会吃亏，也不至于受骗。总之吃这碗饭的，全是世守为业，自然特别爱惜羽毛绝不肯做些有辱声名的事，否则一旦传扬开来，一提某某师爷，人人摇头，那岂不就得改行换业了吗？

所谓师爷，还有一项特别的，就是东家一定要让老夫子住在衙门里，不但供膳宿，住处还得宽敞幽静，膳食更要丰盛适口，每位老夫子，还得派一个聪明灵巧的书童伺候起居饮食。像当年于式枚在李鸿章幕府里，另外设一小厨房，给予晦若专用，您就可以想象当年督抚对于得力的老夫子是怎样的重视尊敬了。

到了民国有位总长，不但性情暴躁，甚且到了骄纵狂妄的程度，而且有一个怪脾气，员司呈阅的文稿，稍有不合，立刻把公文往地上一摔。有一次，一位司长拿件文稿亲送总长书行，总长一犯狗熊脾气，把公文又摔在地上，哪知那位司长，不但是老公事，而且是老油条，立刻一弯腰，把公文拾起往头上一顶，冲着窗户跪下。当时那位总长也愣住了，一面拉一面问，这位司长说，来文上有大总统印，扔在地上，就犯了大不敬罪，这在前朝那还得了，所以跪在地上替总长祈福。他不说赎罪，而说祈福，足见这位司长的口才迅捷。经过这一跪，居然把眼高于顶的总长大人的坏毛病给纠正过来了。

光绪初年曾国荃，由两广总督内调，署理礼部尚书。到任之后，有位司官把文稿呈堂书行，做惯了方面大员的曾九帅，简直就跟土皇帝一样，根本就没把一般司官放在眼里，大马金刀昂然而坐，没站起来接稿。哪知这位司官，守正不阿，愣是拿着公文不放，并且退出厅堂，声色俱厉地对值日书办叱责说："曾大人久做外官，不懂得京里规矩，几时见过司官送稿，堂官不站起来接的，你没有事先禀明，是你办事疏忽，去拿戒尺来，自己打手掌十下。"曾九大人一听，知道自己失仪，赶紧作揖谢过。从此知道京城长官对部属彼此都是有尺寸的，比外官难做，没过半年又谋求外放啦。

袁项城由直隶总督奉调军机大臣，达拉密（档案房执事）拿案卷去见他，袁项城当然也不懂枢垣制度，坐在座位上用手去接，达拉密拿着案卷往后一退，袁再伸手探身去拿，不想达拉密又往后退了一步，袁比曾来得机智，连忙站起来，才把案卷拿到手。敢情按照清朝旧制，官文书是属于朝廷的，堂官司员不论官大官小都是给朝廷办事。这种制度不仅是一种体制，更是对国家公文和公务员的一种崇敬，也就是敬业的意思。所以清朝六部员司见堂官洽商公务，堂官必须站起来听，核阅公文也是站着判行。

到了民国北洋政府时期王克敏做财政总长，大概还承袭点前代遗风，不论大小官员，到总长办公室报告公事，他一定站起来请来员坐下，他然后归座，有的时候敬一支烟，然后谈公事。王叔鲁说属员进总长办公室，心里一起尊，已经局促不安，长官再一绷脸，胆小的属员，应该说的话，都吓回去了，十成话连三成也说不完全，岂不误了大事。所以他对僚属来回公事，总是和颜悦色，起身让座奉烟，然后再谈公事。王叔鲁后来虽然当了汉奸，可是他这种举措，倒也有点儿道理，不可因人废言呢。同时也可以明了当年长官对部属，也有一定的尺寸，不是一味乱摆官架子的。闲言搁下，再表正题。

老夫子既不需要到办公室办公，也没有固定办公时间，当然更谈不上签到签退了。所有文稿，大半都是在自己起居室里构思拟办。跟现在主官一会儿叫某参事来，一会儿叫某秘书来气氛完全两样。主官如果有要公跟老夫子商谈，大半都是屈驾移尊，就教高明。所以在当时读书人抑郁不得志，退而为人幕府，仍旧维持自己确然不拔的节操，不像后来读书人为了赡家糊口，就是被人家又摔又骂，也只好充耳不闻，忍辱吞声地干下去啦。

笔者有位忘年交郑伯孚先生，他是广东董姓名幕的入室弟子，据他说学幕并没有什么不能告人的诀窍，一切都是经验累积，如能神而明之，自然左右逢源。从前某军门独子，在市街驰马伤人致死，按照大清律应予抵命。老夫子灵机一动，把"驰马"改为"马驰"，则其罪在马而不在人，所以军门独子，得以保全。又某年值慈禧皇太后六旬万寿，闽浙总督札委仙游县县令赍送贡品晋京呈纳。其时正当钱粮下忙时期，县令一走，当然影响入息。县太爷没办法，拿重金拜托老夫子婉为说词写张禀帖请求另派，大意是："今逢皇太后千春万寿，如由仙游县赍送寿贡晋京，罔知顾忌，单单派仙游县令，似有未妥，乞请钧裁。"上官一看，当然准如所请，另派别员。后来闽浙总督，认为该员顾虑周详，在另外一件保举案，反倒把该员以才长心细膽列特保。这些事都是有得力老夫子才想得到呢。

还有一样，不论大小衙门，凡是师爷，有滴酒不沾的，可是没有不抽烟的，有的爱抽旱烟筒，有的喜用水烟袋。而且所有师爷好像一个科班训练出来的，一律不用墨盒墨汁，全用砚台研墨。郑伯孚说，这也是作幕的一项门道。因为偶或有些最速件，主官坐在老夫子屋里，等候看稿，这时候老夫子必定先拿烟袋抽上两袋，一方面盘算，一方面打腹稿。如果两袋烟抽完，腹稿还没拟好，那就把砚台注好清水，拿起墨锭，慢慢磨研，等墨磨好，腹稿也就完成，振笔直书，一挥而就啦。

至于人家传说，师爷拜师学幕都有一套秘密传授，那都是猜测之词，平常老师把自己的经历告诉学生，让学生知所趋避，那倒是有的。什么本门心法、学幕要诀一类的风传，那简直越说越神了，其实没有那么八宗事。不过学档案的，倒有一套管档案的方法，在当年的确有用。现在进入电脑时代，一切案卷可以用电脑管理，那些心传口授的档案管理方法，也就全都落伍了。

衙门师爷的待遇，都是保密的，只有本人跟东家知道，这倒跟欧美现在各大企业管理方法，不谋而合。从前一位官员，升迁调派，官声如何，大部分都操在师爷手中。所以养士酬庸之道，也变化多端。例如每月月初月半，那是规定宴集，岁时令节，更要准备丰盛筵席，款待全部师爷。遇到时蔬瓜果上市东家借名荐新，请师爷们打打牙祭，要是久雨快晴、丰年瑞雪、对月、赏花，都是犒劳大家的好题目。有时即兴吟诗、拈韵作诗钟，也都酒肴杂陈，笙歌助兴。宾东之间，真是其乐融融。再则就是老夫子的双亲三节两寿，主官可能不惜派人跋涉关山，备办寿礼，贵重补品，一声不响，用晚生侄辈名帖，送到老夫子的府上去。主官在老夫子原籍偷偷买房子置地，也不乏其人，等老夫子告老还乡，可以舒舒服服过下半辈子了。彼时虽然没有什么绩效奖金、年终加发等名堂，可是冬有炭敬、夏有冰敬，除了老夫子的月例之外，随时都会想个点子贴补贴补。

此外在督抚衙门的师爷，遇到办理保举，得力的老夫子，主官都把他们列名，可以混个出身。三年幕府，相处乳水的宾东，又要给老夫子张罗引见。进京引见之前，大张盛筵，当众致送优厚程仪。如果是督抚衙门的老夫子，则司道府县，为讨好上官，自然踊跃解囊。同时老夫子受主官这样推重倚畀，就是进京引见分发，大半都弃而不就，仍旧再追随原东家，代为筹谋策划。那些司道府县，焉能不尽量巴结，设法攀交。所以凑个万儿八千的程仪，是指顾间的事。老夫子进京引见之后，名也得啦，利也有了。回到原幕，给老主东办事，还能不鞠躬尽瘁，忠诚不贰吗？

清代后门衙门——内务府

"树小、房新、画不古，此人必是内务府。"这两句话，是一位青年朋友写出来问我的。他说："内务府是什么衙门，遍查荣录堂印的《缙绅录》，京里京外各省衙门，全都刊列，就是没有内务府。树小、房新、画不古又是什么意思？特地向您请教。"

我说，内务府虽然规模不小，而且在前清是个阔衙门，可是通行全国《缙绅录》，也就是现在所称的职员录，向不列入；偶或有该管开明的堂官，自行印制衔名单订一本，仅供本衙门同人参考，并不外售，所以知者不多。舍下因为跟同光以及宣统时期的内务府历任大臣奎俊、那桐、式续、绍英、耆麟都有来往，所以对于内务府的情形略知一二。

内务府这个衙门，顾名思义，历朝当然都有这种类似衙门。明代这些事情，向来都归太监掌理，闹到后来简直苞苴公行、专横跋扈，跟当时的东厂、西厂并驾齐驱，民怨沸腾，成了明代的致命伤。

清代有鉴于此，从顺治御极，就不许太监管事，设置内务府，特任亲信大臣管理，有时甚至特派亲王兼管，因为它的职权只管皇帝家里的私事，此外不管任何公事的，清代官场都管内务府叫"后门衙门"。从前翁同龢相国有一句口头禅是："天下大事去问内务府，那不成了笑话了吗？"由此可见一斑。

清代定制，太监办事都要秉承内务府指示而行，雍正刚一登基，有曹如意、邬全福两个管宫首领太监又张牙舞爪、擅作威福起来，雍正是一位阴鸷严刻的皇帝，于是又重申前令，在坤宁宫的丹墀立了一块铁碑，上写"内监问及公事者斩"。于是太监嚣张之气，经此重压又销声匿迹了一个时期。后来虽然也出了安德海、李莲英、小德张几个权阉，但比起明代的刘瑾、魏忠贤等巨奸大憝，那就大巫小巫相去太远了。

内务府虽然是后门的衙门，可是管辖有油水的机构却也不少，除了本衙门设有广储、慎刑等七司外，管辖范围有东西皇陵，江南三处织造官也归它管，还有一个最容易开花账的是皇帝私人小工厂造办处。

造办处

在明代就有造办处这个机构，不过规模很小。大清入关，仍循旧制，到了乾隆年间把它扩大起来。这座皇帝御用小工厂，乾隆在位时期，非常重视。皇帝时常到造办处亲自跟员司工匠研究如何改进，丝毫不肯马虎。有时一件事物，修改若干次，甚至毁了重做都在所不惜，所以做出来的东西，不但雅致而且精巧。因此有些东西流落外间，大家一望而知，出自造办处巧匠之手。

其中"小器作"专门雕刻红木器物，如瓶座、灯座、花座、镜座各种木器上的精工雕刻花牙子，现在故宫博物院陈列的乾隆珍玩小多宝柜，就是小器作手艺人的精心杰作。

"铸铜作"做宫中五寸以下铸铜器物，如瓶炉三事、七宝烧蓝一类小摆式，色彩华贵绚丽，极为外间珍视；因为做出来的器物，分量特别重，有人说其中掺有金砂，不知真假。

"烧瓷作"烧出来器物都镌有"古月轩"三字图记，所烧各式鼻烟壶，现在已成稀世珍品。当年李壮飞以一万三代价买了一只百子图的鼻烟壶，颇为得意，结果盐业银行经理岳乾斋拿出他收藏的百子图鼻烟壶来比较，色泽、光彩、尺寸完全一样，可是拿起来用放大镜一看壶底，大约有十几只沙眼，真的一只晶莹玉润，就分出真假来了。

织 造

内务府在江宁、苏州、杭州三处设有三个织造官，衔名就是某处织造。这种官员职级虽然很低，可都是皇帝授意，由内务府派任的。这些织造有一特权，就是可以专折奏事，所以就是当地方面大员，也都畏惮他们三分。他们的职责是专管宫中所用绫罗绸缎、织锦绣花衣饰，等等，赏赐官员宫眷的尺头，以及演戏所用戏装行头，也都由他们承制运京应用。因为他们接触面广，职位又低，不太引人注意，康乾时代又出几名干员，所以他们除了正式买办工作之外，又都当了皇帝派在外面的情报官，采购兼情报，财势熏天，再加上他们出卖风云雷雨，还能不发财吗？

有人认为内务府是专管皇帝家私事，内务府用的人，大概都是满洲人了。其实大谬不然，在嘉庆、道光以前，除了内务兼任大臣之外，不但没有一个满洲人，而且都是汉人。这些人都是当年满洲进关入主中原，凡是汉人从戎过来的，十之八九编入队伍的，叫汉军旗人；没有编入队伍充当杂役的，进关之后，为了安置就一律编入内务府，虽然也算旗籍，但是等级很低。最初旗人分为五等，第一等为满洲，二等为蒙古，三等为汉军，四等为内务府旗，五等为包衣旗。咸丰以前限制极严，内务府人员，是绝对不准跟贵族通婚媾的，其地位如何，就可想而知了。可是后来满人看内务府当差真发财，就有许多人眼热，于是满人进入内务府当差的，渐渐多了起来，有些人甚至发生由旗改汉的怪事。

陵　工

皇帝一登基，就由工部会同内务府派员探勘龙眠福地，指派陵工大员兴建陵寝，而且要昼夜赶工。既然要赶工，自然陵工费用，要优先拨用，深怕突然一下龙光遽奄，陵寝尚未完工，那时监工大员是要砍头的。可是又不能提早报完工，所以陵寝一开工，就全力以赴，把整个陵寝从地宫到御路上的石人、石马都雕凿、安放齐全，仅仅留着地宫门楣一块金砖单摆浮搁着，一声龙驭上宾，立刻由陵工大员具折申报竣工。陵工是赶工而又不能马虎的工程，自然工程费用比一般工程费用高出若干。经手三分肥，所以陵工也是内务府一项肥缺。

粤海关

清季海禁未开之前，跟外国通商口岸，只有广州一处，税务验收查核人员，是一个特别缺份，永远是皇帝亲自选派。本来榷运是户部主管的事，与内务府无关，可是出了缺，一定是从内务府员司中选派。三年任满，仍回内务府当差。北平舍间芳邻毓朗，做过一任粤海关监督，他家管事的到冬天戴海龙帽子，穿火狐皮袄，出手阔绰非凡，奴仆如此，主人的情形如何，就可想而知了。

内务府发财事项

宫廷各处每年都要岁修，这些土木岁修工程都由内务府专办，普通庆贺、生日满月等事，也都由内务府承办。至于大婚、万寿、国殇，或有特大的建筑工程，则由工部、礼部，会同内务府办理。其实有关内廷部分，大家都怕太监和内务府员司，在皇帝跟前嘀咕，为了减少麻烦，仍由内务府主稿，别的衙门只不过是具衔而已。

此外关外皇粮庄田，都有庄头经管，京剧里霸王庄皇粮庄头黄隆荃如何横行不法、鱼肉乡民，足见其势派之大，他们平日不但收缴皇粮以多报少，而且谎报沃土肥田是薄咸沙窝，任意盗卖，结果好的庄田，陆续都变成内务官员跟有权势阉人的私产了。

此外上驷院、鹰犬处、向导处、銮仪卫等机关，虽然不属内务府管，可是内务府也要插上一腿。

清代设立内务府，原本是因为明代太监职权太大，设立内务府是削弱太监权势来管制他们的；可是到了后来如李莲英、小德张一般宠监所说的话，内务府反而奉命唯谨，非照办不可。因为他们有一套说词，永远把老佛爷、皇上说在前头，这种挟天子以令诸侯的手法不但高明，而且让内务府大臣非常头痛。现今内务府已成为历史上名词，偶或在故宫档案中见到内务府的奏折，词句欠雅不说，而且有许多错字，可是像奎乐峰、耆寿民都是翰林院出身，颇有文名的饱学之士，居然让属下乱写一通而不删改，也就更令人诧怪啦。

皇史宬石室金匮

前几天参加一个餐会，与会的都是七十岁以上的老人，所谈的自然以陈谷子烂芝麻的事为多。有一位仁兄提出"宬"字如何读法，这个字匙盈切音"成"，根据《说文》解释，这个字是"屋所容受也"，段玉裁注："宬之言盛也。"由于这个宬字，大家联想到明代有个收藏秘典实录的"皇史宬"。

皇史宬是明朝嘉靖年间所建造的，清朝入主中原，踵法前明，举凡圣训、实录、玉牒都要恭送皇史宬尊藏，其作用，等于是皇家谱牒图书馆。清代定制，每位皇帝晏驾，就要特开实录馆，将大行皇帝一生事迹翔实记载下来，文直事核，不虚美，不隐恶。有很多史料在正史所不载的，往往在实录里都记载得很详尽。明清两代都设置实录馆，所以明清帝王实录颇为治史学者所重视。依照《大清会典》，凡实录告成，例应恭缮四份，锦衣牙签，其式遵一，行款花样，每部各殊。一部藏皇史宬，一部藏宗人府，一部藏礼部，一部送往盛京大内庋藏。唯有皇史宬尊藏之本，依例必用蝴蝶裱黄绫本，故皇史宬所藏历朝实录雅瞻工致，最为整齐。不过德宗景皇帝的实录，是在排除万难中修成，限于人力财力，只缮正两份，一份仍送皇史宬，一份则送大内乾清宫保存，这是历代最后一部皇帝实录，从此实录就变成历史名词了（光绪于实录未修完，动社乙座，后经逊清两位内务府大臣绍英、世续倡议续修，在宣武门内头发胡同开设实录馆，才续修完成）。

舍亲瑞景苏曾奉命进入皇史宬整理玉牒、曝晒实录，并派过一趟恭送玉牒到盛京的牒差，所以他对于皇史宬的情形，所知较详，以下是他所说大致情形。他说：皇史宬在东华门外南湾子，不用一木，全部建材系以金砖巨石建造，为了防范火烛，虽然玉堂奂奂，可是不辟门窗，严墙三仞，气象森森，更显得庙貌崇隆令人敬肃。丹墀以上，两夏重梦、雉门两观，三门并列，两边一名左门，一名右门，中为"皇书"历门，"皇书"二字并为一体算是一字，据说字音字义，均与龙同，所以读起来是"龙历门"。明代各帝，率多喜用冷僻怪字，尤其喜欢创新。这个字就是嘉靖皇帝宸衷创造，而且皇史宬门上三个字还是这位皇帝老倌的御笔呢！

清代玉牒，照例是每十年修纂一次，等进呈御览后，一份恭送皇史宬，一份另派专使赍送盛京大内。龙棱头盖，卤簿仪镪，拥护录亭，鸣螺捶鼓，各极盛况。皇史宬近在皇城咫尺，录牒奉安，行祔祭礼之后，就算终典礼成。至于送往盛京的牒差，可就麻烦啦。行程必须遵循驿道，要经由山海关出关，共分十五站，驿丞们称之为里七外八，就是山海关里七站，关外八站。既不能快，更不能慢，每天必须按照排定日程表按站而行，护送大员例由皇帝钦命近支亲王宗人府大员扈送，沿途适馆授餐，各种杂差，恣肆需索。遇上不知体恤下情的亲贵们，真能把各驿站闹得鸡飞狗跳，天下大乱。清末最后一次牒差，是在徐世昌东三省总督任内，彼时京奉铁路刚好筑成，通车不久，徐东海就奏请牒差出关改由火车恭送，奉旨照准。迎牒大典那一次筹备事宜，是指派奉天旗务司荣厚，跟内务府金梁会同办，钦命礼亲王恭送到盛京大内敬典阁尊藏，扈从的宗人府及礼部员司多达百余人。虽说国步方艰，一切从简，力争樽节，那趟差事可也支销了库帑七八十万两，这是有清一代最后一次牒差大典了。

　　清室逊位，民国肇建，袁世凯虽然就任

中华民国大总统，但他是妄冀非分，总想君临天下过过皇帝瘾的。可是恪于优待清室条件，尚不敢把皇史宬拿过来据为已用，乃于民国五年在中南海万字廊南隅，又新建一处石室金匮。石室内外一律用云南白石，虽然没有皇史宬那样穿廊圆拱，飞甍雕翠，倒也奕奕奂奂，气象万千。石室金匮建造完成，是将预拟续任总统名单纳诸金匮，藏在石室，金扉严扃，不得轻启。据阮斗瞻说原始名单所列计共三人，第一位是黎元洪，第二位徐世昌，第三位是袁克定。后来又传说又有人潜入名室把名单顺位又偷偷更换，究竟真相如何，就非我们外人所得而知了。袁氏帝制失败，一剂二陈汤急气而亡，大总统由黎元洪继任。第二年春天，黎宋卿跟夫人黎本危在中南海举行盛大游园会，一时冠盖如云，裙屐交错，石室金匮，玉堂键扄，雉门重开。所谓金匮，不过是一具金镂实花、盛饰增丽的保险箱而已。据说这座金匮当时耗用了内

帑达五万元之多。老袁想做皇帝，不惜靡费
公帑的情形，由此也就可见一斑了。

从尚方宝剑谈到王命旗牌、遏必隆刀

　　台湾三家电视台上演的古装连续剧，时常有八府巡按代天巡狩，钦赐尚方宝剑的热闹场面出现，这无疑是受了京剧的影响。究竟有没有尚方宝剑，倒是一个有趣味的问题。

尚方宝剑古已有之

　　夷考历代史籍，只有《汉书》上有一段"成帝时槐里令朱云，上书愿借尚方宝剑斩佞臣张禹"的记载，明朝诚意伯刘基的诗文集里也屡屡提到尚方宝剑。对于京派按察各地的钦命人员，汉代有代天巡狩的刺史，明代十三省有一巡按御史，这些钦差是否赐有尚方宝剑，对于元恶大憝可以先斩后奏，《汉书》《明史》虽然都没有明文记述，可是从刘汉到朱明，尚方宝剑这个名称，古已有之，是毫无疑义的了。

王命旗牌权威赫赫

清代职官没有巡按设置，各省则设有巡抚，那等于现在的省主席，是地方行政长官，跟巡按性质完全不同。清代在建国之初仍沿明制，时常有钦命大臣巡察各地，那是为了兵燹之余，洞察民隐，抚辑军民的，并未树立专圻，更未拘于品秩，只是选贤任能，搜隐阐微，差毕复命，属于临时差遣，不是固定常官。后来因各省军政繁剧，为总督军务遂为定员。朝廷为了增加其生杀大权，壮其威势，每赐有王命旗牌，凡屡犯死囚，须立即处决者，得拜王命旗牌便宜行事。在督抚衙门，"请王命"是一桩极为慎重的大事，在押死囚为询供定谳，督抚朝衣朝冠，取出王命旗牌焚香叩拜之后，立刻推出处决，不必等到奏准之后再来行刑。据说当年慈禧宠监安德海下江南造龙衣，一路上招摇撞骗，在山东境内被巡抚丁宝桢缉获。丁宝桢就是请出王命旗牌将安德海就地正法的。

　　舍亲札克丹是清封世袭罔替的铁帽子公爵，每年农历六月初六如果是晴朗好天，他一定在府里银銮殿的月台上，把家藏御赐的金甲戎辂、鞍勒衔辔以及服玩珍奇晾晒一番。除了令旗令箭（跟戏台上道具大同小异，只是尺寸稍大，制作精细扎实）外，最引人注目的就是王命旗牌了。王命旗是蓝绸子缝制的，二尺五寸见方，镶有五分宽黑缎子边，两边都是用金线绣的满文"令"字，下方正中钤以兵部朱红大印，这是清代最早的王命旗。到了咸同年间，曾国藩以钦差大臣讨伐洪秀全，朝廷所赐的王命旗虽然加绣汉文"令"字，可是比起开国时代的王命旗就草窳简陋多了。王命牌，圆形，大有一尺二寸，是榉木制的，朱漆鋈金，环以龙纹，金镂列彩，瓔珞焕烂，正中也漆上满文"令"字并烙上兵部大印，悬在一枝八尺长丹虹赤缨镂金血档的镔铁鎏金枪上，分量很重，扛着走已经感觉压肩，遑论举起挥舞啦！

湘军攻下金陵，太平天国的忠王李秀成被擒，本应送京献俘，曾文正深虑国是初定，一路递解恐怕别生枝节，一时权宜也是请出王命旗牌，就地凌迟处死。由此看来，清代的王命旗牌权威赫赫，跟尚方宝剑似乎没有什么两样。

遏必隆刀深藏内库

清代虽然没有钦赐尚方宝剑，可是为了增加统兵大员的权威，并示荣宠，另有宝刀的颁赐。见诸史籍的有清太祖努尔哈赤第五女和硕公主所生的儿子遏必隆，因为跟随皇太极与明军交战，屡建奇功，赐封一等公，寻授议政大臣、领侍卫内大臣。顺治薨逝，康熙即位，遏必隆受遗诏与鳌拜同为辅政大臣，赏戴双眼花翎，加太师，并特赐御府宝刀。据说他受赐的那把宝刀是淬钢合以金刚石混铸而成，出自当代铸剑名手，刀泛异彩，舞起来光霞闪烁、寒气森森，刀身虽长仅二尺五寸，可是削铁如泥，是清太祖当年冲锋陷阵、斩将搴旗随身携带的宝刀。刀以人传，后世就叫它"遏必隆刀"了。后来鳌拜恣专获罪，因遏必隆明知鳌拜之恶，却缄默无言，又不劾奏，遂把遏必隆一并下狱论死。继而康熙念他战功彪炳，又是勋臣之裔，仅夺去一等公，收回太师封赠，仍让他宿卫内廷，可是那把宝刀收归内府，迄未赏还。

遏必隆死后，由他次孙讷亲袭爵，历侍雍正乾隆两朝，恩眷甚隆。乾隆十二年

（1747），大金川土司攻革布什咱土司，侵犯边境，川陕总督张广泗进讨无功，高宗旋命讷亲为经略大臣，率领禁军督战，依然无功，于是将张广泗系狱，讷亲夺官，同时派御前侍卫鄂宾，赏带遏必隆刀，监视讷亲还军。到了斑烂山鄂宾受命用讷亲祖父（遏必隆）曾蒙恩赐的宝刀将讷亲枭首军前了。

这把宝刀自从血刃讷亲后，一直深藏内库。到了咸丰初年太平军的洪秀全在金田起义，声势日壮，文宗奕詝派赛尚阿为钦差大臣，驰往湖南围剿。除了颁发库帑纹银二百万两以充军实外，又从内府搬出那把遏必隆刀，赏给赛尚阿以壮军威。哪知那位"扶不起的阿斗"，屡失戎机，最后褫职解京治罪，发戍军台，改任徐广缙为钦差大臣，署湖广总督。当时廷谕寄广缙云："如有迁延观望，畏葸不齐，甚至贼至即溃，贼去不追，贻误事机者，即将朕赐之遏必隆刀军法从事，以振玩积，而肃戎行。"由此可证赛尚阿获罪，这把宝刀并未缴还内府又转赐徐广缙了。后来徐广缙也因督师不利坐失戎机，改派向荣接替。徐广缙拿解进京时，遏必隆刀也一并缴还。

据说清太宗另有一把神刀叫"小青锋"，长不及三尺，锋利无比。每日临朝，有一侍卫负之而形置于御座之旁，顷刻不得少权。世宗继承大宝，仍循旧例，后由江南八侠潜入宫禁把小青锋盗去，从此这把利刃即未再现。到了光绪亲政，仍照祖制，每次临朝，有四个小太监各抱宝刀一口，肃立御座左右。这四把刀都是兵器库里精华：一把叫"锐捷刀"，曾由载泽之祖惠亲王绵愉佩带过；一把叫"素光刀"，蒙古喀喇王僧格林沁任参赞大臣，指挥军事佩带过；一把叫"神雀刀"，胜保围剿太平军时曾蒙特赐佩带过；另一把就是那把见过血光的遏必隆刀，最后在清宫派上用场。

辗转他人下落不明

到了民国五年，清社已屋，正是袁项城新华春梦、黄袍称帝时候，蔡松坡忽然云南起义，声讨国贼。老袁派兵入滇，又怕入川将士二三其德，不肯用命。偶然想起阮斗瞻（忠枢）跟他说过遏必隆刀的故事，于是派了内长史杨云史进宫，向逊帝索借遏必隆刀一用。清室悚于袁的威势，奉命唯谨，赶忙派内务府大臣世续赍送那宝刀到新华宫请赐赏收。老袁郑重其事，选择一个黄道良辰，召集文武百官在居仁堂举行出征授刀荣典，亲自授给西征军的军政执法大臣雷震春。

雷震春兜鍪犀甲，奉了"如朕亲临，先斩后奏"的口谕，兴致匆匆捧刀而出，星夜驰赴军前督讨。谁知雷的前军刚踏入川境，陈宦、陈树藩、汤芗铭先后通电独立，一剂"二陈汤"把洪宪的皇帝梦蓦然惊醒。由于忧伤过度，不几天也就龙光遽奄，魂归洹上了。

雷震春乘兴而去，哪知晴天霹雳遭逢骤变，只好带着御赐宝刀，悄悄搭乘江轮回到金陵。冯国璋给他洗尘，席间谈起了遏必隆刀，雷只好请出宝刀，让冯华帅鉴赏。冯嗜古有癖是出了名的，拿着宝刀摩挲揩拭，不忍释手。雷一想洪宪失败，自己大名已经通缉有案，在冯的庇荫之下，尚可鹓寄一时，为了讨好华帅，索性恭请笑纳。冯就借口雷居无定所，恐防有失，声称为策安全暂时代为保管，宝刀将来仍要缴还国库。从此遏必隆刀的消息，又沉寂了二十多年。

日寇窃据北平时期，前门外廊房头条的第一楼有一家专卖景泰蓝的铜器店，玻璃柜里陈列一把东洋剑，鞢带缇绣，剑鞘嵌有三粒金星，索价万金，据称系日本幕府时期名剑。另外还有一柄宝刀，刀鞘用黄绫包裹，拴着一张黄色纸签注明东甲洪字第若干号遏必隆刀。有人询价，铺中执事说："此系友人寄卖，如有人看中，可约时与刀主人面洽。"

那把刀是否真的遏必隆刀，就不得而知了。

　　此事一晃又是四十多年，如果那把宝刀没有遇到识货的行家，恐怕早已回炉重淬，当作凡铁来使用了。因为朋友们谈起尚方宝剑，联想到王命旗牌、遏必隆刀，所以把它们一一写了出来，或者可能给将来写历史剧的朋友作为参考。

成吉思汗大祭跟那达慕竞技大会

农历三月二十一日，是元朝开国之主，元太祖成吉思汗大祭之期，俗称"三月会"，蒙古同胞都到他的陵寝祭拜，以示崇敬。民国二十三年笔者因为运冀蒙牛问题，奉财政部令派到百灵庙跟德王洽议运销事宜，恰巧正赶上成吉思汗大祭盛典，幸获随同前往瞻仰。

元太祖名铁木真，是历史上的伟大英雄，武功显赫，为百世之雄，诸王群臣奉为共主，尊称成吉思汗。他在远征西夏时候，因坠马病死在甘肃固原的清水县，他的陵寝，在伊克昭盟伊金霍洛旗境内。他死在清水，葬在伊金霍洛旗，还有一段动人传说：一次在远征西夏路过伊金霍洛，马鞭子失手落地，侍从去拾，被他阻止。他说：无故落地，事出有因。他环顾四周，认为此地有山有水有草原，是埋骨好去处，"我死之后，就以此处做伴眠之地吧！"说完就命左右就地掘土，将马鞭子埋下去，堆成一个大土壤，命名"赛尔特劳垓"。成吉思汗驾崩，诸王按照他的遗嘱，将他遗体从清水县运到鄂尔多斯的高原伊金霍洛安葬。

这片陵园建筑在林木明秀、湖水凝绿、卫以崇垣的禁地上，园陵明堂，殿宇崇阔，高八丈有余，分前后两殿。跨入前殿迎面是巨幅成吉思汗画像，这位一代天骄，目若悬珠，斐斐有光，银髯飘胸，当年雄姿俊发、叱咤风云的英气，仍然令人肃然起敬。据说这幅画像，是追随他多年一位谋臣古拉扬特精心之作，所以特别传神，可惜殿内不准摄影，只能供参谒者瞻谒凭吊而已。供桌上除了涂金错银的樽彝罍卣外，放着相传是成吉思汗当年斩将搴旗最趁手的兵刃。两把冷气森森的马刀，画像两边竖立着红缨黄杯，蒙古同胞认为神器的"苏鲁锭"（蒙古话，长矛的意思）。

关于苏鲁锭有一个传说：有一次成吉思汗在土拉河战斗中打了败仗，当时他跪下来向上苍乞援，霎时只见从天上飞来一支又黑又大的苏鲁锭，他高兴万分，伸手欲接，苏鲁锭却悬在天空不下来。成吉思汗连忙立誓，日后要用一千只绵羊祭典，这样苏鲁锭才应手而落，帮助他杀出重围。所以每年成吉思汗大祭，蒙古族人有另外用达斯门（山羊皮）祭典苏鲁锭的风俗，在祭典时，除了用山羊皮割成若干细丝，修补苏鲁锭的枪缨子外，还要唱苏鲁锭的祭诗。当年吴礼卿（忠信）先生主持蒙藏委员会时，曾经有人把蒙古文译成汉语，不但词句优美，而且声调锵锵，可惜事隔多年，不复省忆了。

宫寝殿正中并排陈列三顶黄色绸幢（蒙古人叫它"灵包"），包内安放着成吉思汗同两位夫人的灵柩，据说棺木是银质，周围嵌以黄金雕琢的图案，并镶珍珠宝石。灵包后有一木架，上面安放一具藻绘复杂的漆皮马鞍子，当然也是成吉思汗生前战马的缰鞯。由后殿穿过东西过庭，就是东西配殿。

　　灵包外有一片数十亩的平坦场所，继大祭之后，每年五月十三日在此举行"朱勒格"礼祭典，在举行那达慕大会朱勒格祭前，先把一匹白马系在陵前一根金色桩子上。祭典开始用蒙古古典乐奏，按爵秩依次献上哈达、明灯、羊肉脊背、油酥点心、葡萄酒、马奶、鲜果、香烛各样祭品，然后由各地来的代表，把随身带来的马奶，倒在半人高的木桶里，倒满了就象征这一年里牧业兴旺。然后由领头的代表，拿起勺子在木桶里盛满一勺，朝天泼洒，那时跟在后面的人，就齐声欢唱《丰收赞》《乐太平》歌词，领头代表这时正式宣布那达慕大会开始，于是赛马、摔跤、射箭三项蒙古传统性公开竞技陆续登场。

赛马参加的人只限于男人，内蒙古人管选手叫"鄂热呼奈瓜热奔"，是竞技勇士的意思。在大漠中骑马是蒙古男女老幼日常生活必不可少，凡是骑术特别精湛的健儿，就要在一年一度的大会上显身手了。赛马开始，一声令下，参加比赛的人马，像弩箭激射而出，疾风一般地卷过绿色草原，忽而挥臂加鞭，忽而镫里藏身，技巧百出，看得人目瞪口呆，比西人赛马那要惊险刺激多了。最后哪位赛者取得终点红旗，立刻被人拥簇着马披红、人插花，大家尊称本年第一骑士，受到聚族的尊敬。

摔跤是蒙古人特别喜爱的一种体育活动，也是那达慕大会上主要竞技项目。参加比赛的人，都要穿上"召得格"，那是一种粗布纳成的坎肩，又叫"褡裢"（不像我们现在摔跤选手穿的短褂子，两人一撕掳，立刻褂松带斜），上面钉有若干金属扣子和钢钉，讲究一鼓气，褡裢跟身上肌肉紧得严丝合缝，让对手无处抠拉。腰里系上牛皮板带，下身穿色兼红绿的短裤，足蹬短筒牛皮战靴，又叫"踢死牛"。衣服上镂金采，盛饰增威，凡是穿这种衣服进场者，就被称为"布和"，就是摔跤手。这种摔跤，不分轻重级别，愿者下场，一跤摔输，即被淘汰，如果当场摔伤毙命，布和不必赔偿抵命。所以一般摔跤手都是彪形大汉体健如牛的人，才敢下场子跟人交手。出场之前，双方互唱赛前歌词，然后跳跃进场，表示相互谦让，并向观众敬礼。摔跤是斗力斗智，两者兼备的比赛，该用力时，有如雄狮搏兔，雷霆万钧，该用智时，应有狡兔的敏捷刁钻，巧闪柔翻。获胜一方，可以得到"色音布和"（勇敢的摔跤手）头衔，再到其他地区，寻找对手比赛，如果连续获胜，他就成为勇冠全疆、享有崇高荣誉的勇士了。

射箭是那达慕大会最初主要活动项目，在公元八百多年前，蒙古人聚族而居，大小部落有上百种之多，他们的经济生活分游牧、狩猎两种。在成吉思汗统一蒙古后，虽然猎狩部落也逐渐转变为游牧方式，但猎狩时期，积年累月拉弓射箭的本领，却保留下来以防外敌侵犯，或野兽袭击畜群。甚至于有极少数比较固执的部落，因为没有大批的畜群，则仍依赖弓箭捉捕啮齿类小动物来维生。由于弓箭是蒙古人生活上必不可少的武器，人们也因而尊重那些优秀神箭手，而身怀绝技的射手们，也乐于有个机会表演或比赛，显露一下自己的技艺。所以到民国二十四年农历五月十三日，蒙古人视同嘉年华会的那达慕大会，射箭始终是主要项目之一。

　　现在虽然事隔多年，可是每逢成吉思汗祭日跟那达慕大会会期，种种热闹情景，就会重回脑际。

嘉庆洗三盆

　　前年台北外双溪故宫博物院清点大库，整理出一只雕龙镂花的白铜澡盆。据说，是道光年间给咸丰皇帝落生后"洗三"用的特殊御用品。

　　依照清代宫廷则例，无论后、妃，每月都要由太医院御医进宫请平安脉一次。一经发现了有喜脉，立刻由敬事房奏报后，发下传牌，通知丹臣家，立刻遴选干练妥当女眷进宫招呼待产。丹臣家就要陆续准备初生婴儿用的冠裳鞋袜、衾枕被褥啦。因为将来所生，是男是女，此刻尚在未知之数，所以男孩女孩用的，都要各准备一套听用。

清代定制，是不册立太子的，如果所生是位龙子，将来就有继承大统的可能。因此后、妃怀孕全都渴望生的是位龙子，母以子贵，将来就有母仪天下的指望了。准备婴孩衣裳用具，虽然是男用、女用各一份，可是在婴儿诞生之前，只把男用的一份陈列出来催生，女用的一份则暂时收藏。如果生的真是龙女，才临时拿出来应用呢。

　　皇家礼仪跟民间也是大同小异，皇家洗三所用的器物，反而是由丹臣家备办，最主要的是围盆所用丝巾和搅盆用的扁方（簪子）。有人藏有两条围盆丝巾，那真是红罗绨绣，绿裸熏香。至于搅水的扁方，更是玉珰瑶光，琦玮焕彩，簪头上铸满了福禄祯祥、光明盛昌一类吉祥祝词。这些丝巾、簪子，不管怎样星编珠聚、金钿琼琚、巴结皇家，可是等洗三典礼告成，就都成了稳婆的酬劳品啦（民国初年北平有个名叫"荷包满"的老妇人，经常在旗族各大宅门走动，卖绣货，穿珠花，据说她家是世代相传，从明中叶就专门供应内廷洗儿所用彩巾、长幡一类东西，如果丹臣家对于洗儿一套干办不来，全盘交给"荷包满"来办，那是绝对不会有误漏失仪的）。

至于洗儿用的香汤，讲究可更大啦。除了《东京梦华录》所说，洗儿时各式染色喜果，用金银纸围绕后还要用红丝扎裹成双外，更要把染色红蛋、板栗、花生、红枣，用来添盆。香汤则是由御药房备办，大半是以雄黄、犀角、艾绒、七厘散、紫雪丹一类药材配合进呈，功能消毒、避疫、压惊、祛风。到了洗三时候，那些香料都要一股脑儿倒在洗三盆里，用准备好的金银簪儿在水里一阵搅和，然后才由宫中御用的老娘婆（俗称稳婆）把婴儿抱出来，正式举行洗儿大典。

所谓洗三，其中也仅只是在头顶心，沾点温水拍拍，衣服也是半脱半裹，在前胸后心用温水彩巾比划比划而已。这时候参加洗三大典的宫眷命妇，往前一围，宫廷里仍旧是用金银小锭子、小如意、小元宝的，也有人用翡翠、珍珠、玛瑙、古玉各种小玩意儿来添盆的。据说盆里放的东西越多，小孩就越发旺吉祥。照宫里规矩，洗完三之后，除了玉饰珠宝之外，所有扔在盆儿里的金银首饰元宝如意，照老例就全犒赏老娘婆啦。进宫祝贺人等，有知道内情的，凡是送指环、手镯、锁片、颈圈、八仙人儿的，说完吉祥话儿，就把饰品给婴孩戴上挂上，不往盆里扔，那位老娘婆（又叫"吉祥姥姥"）就什么也捞不着了。

笔者当年在北平，听过曾在清宫充当首领太监姓穆的、大家叫他木头皮儿的说："内宫里不论是阿哥、格格一落生，剪脐带的时候，就同时洗净身体，穿戴起来。因为产妇如果是当今皇帝宠爱的后妃，一听内监跑来报喜，皇上可能迫不及待，赶去探视。虽然皇帝至尊，怕冲了血煞，不进产房，可是皇帝亲临，不管所生是龙子、龙女，都要抱出内寝，送请宸览，焉能不洗脸净身，打扮干净整齐，等候接驾呢。"

穆太监又说："我是自幼净身入宫的，小时候在北四所奄达们（太监们称某太监为某奄达）住处学习当差，前辈的老太监闲来没事就给我们说古。据传说自从宋代发生了狸猫换太子故事后，后宫害怕故事重演，于是规定皇子一落生，埋藏小儿胞衣一律不经宫眷之手，这件工作就指定丹臣家人负责专责。妃嫔一到预产期，就由敬事房传知丹臣家属，指定专人准备随时进宫应差，同时由内廷发给一面火印腰牌，一有临盆现象，接到知会，立刻可以凭牌火速进宫，神武门的禁卫军凭牌验放，绝不阻拦。一则是娘家人在旁服侍生产，比较贴心可靠；二则是要监视收生婆不要暗地做些偷龙换凤的手脚，更防范收生婆明的封贮龙衣（埋藏胞衣），暗地拿出宫禁把龙衣用大价钱卖给豪富人家。因为有些人认为天家龙衣掺入丹药滋补力特强，所以有钱人不惜重金暗中收买。"

另外还有一个无稽传说，大内靠近钟粹宫的奉先殿后厦有一座小神龛，供的是送子菩萨，听说自从明代起，后宫妃嫔诞生龙子后，都去神龛还愿。同治降生，慈禧产后因为体弱，没去焚香谢神，触怒神灵。同治崩逝，不单乏嗣继承，而且咸丰一脉，也断了宗祧，改由光绪入承大统。

宫里太监大半识字不多，加上踽处宫禁，整天听的都是些怪力乱神、荒诞不经之谈，不过内廷特制御用的澡盆，自从咸丰、同治两朝之后，就束诸高阁、庋藏内库倒是实情。因为光绪、宣统一在太平湖醇王府降生，一在什刹海醇王府诞产的，都没有用过这只澡盆。

狗把儿、自行车到亡国

清代鉴于前朝之失，自立国不久就不采用设立储君制度了，所有阿哥、格格们未到分宫年龄，都是依母而居的。

他们和她们平日幽居深宫究竟怎样的玩法，官文书中固然没有记载，就是私家札记、随笔，也很少人谈到，纵或有谈到的，也不过是一鳞半爪而已。

溥仪未出宫前，宫里有个小太监叫崔福善，是当年权倾一时总管崔玉贵的裔孙。小崔七岁净身入宫，跟宣统同年，虽然方在髫龀，可是耳濡目染，已懂得忠君卫主之道啦。

先是对狗有兴趣

　　清宫阿哥们，从六七岁开蒙入学，除了要匀出一部分时间学习揖让进退，趋庭朝仪之外，大清是以马上治天下的，因此皇子们从小就要学习拉弓驰马，精研骑射认为是必修课程。照以上情形看起来，他们每天玩耍的时间，实在太有限了。崔福善原本是派在溥仪身边，陪万岁爷玩的，相处日久，有时万岁爷闹起皇帝脾气来，小崔婉言相劝他倒也能够接受。哪知到了大婚前一年，溥仪因为中英文师傅们的矫揉造作、迂腐嗫嚅行径，几位太妃们啰唆奄浅的管教，逼得郁悒难伸。苦闷之余，于是让宫监以重金在外间买了几只韩卢宋鹊、藏獒细犬，并且雇了几名狗把儿分别加以训练。只要溥仪冲着谁一努嘴，那些凶猛残暴的东西，就一扑而上，裂衣撕履，虽不伤人，可也把人吓个半死。

有一年春节除夕，珣贵妃的家人侄孙女翠格子入宫辞岁，在长街恰好跟溥仪相遇，天街漫长，无处可以回避，只有转向墙隅，让过兀立。俗语有句"狗仗人势"，这批藏獒竟然猛扑而前，嘡嘡咻咻，把挡在前面两名小太监衣履扯得铠歪甲斜，翠格鬓散钗坠，花容失色。幸亏这批恶獒，只撕衣物而不伤人，翠格回去吓得大病一场，几乎送了小命。崔福善对这种以犬弄人的恶作剧颇不以为然，劝阻个若干次。哪知这次说话较重触犯圣怒，一气之下，把他调在御花园绛雪轩当差。笔者每次进宫，到了午睡时间，总要到绛雪轩找崔福善东拉西扯聊一阵子。他说听他祖父说过，未分宫皇子在十五岁以前，除了下弓房拉弓、稳马步、长臂力、练准头之外，踢毽子、跳绳、钓鱼、荡秋千、滚铁环、抖空竹，都是常练的玩意儿。踢毽子是练腰劲，跳绳练腿功，钓鱼练定力，荡秋千练晕高，滚铁环练视力，抖空竹是练臂力，这些玩意儿都是对身体各部门器官有益处，而且对于战阵弓马都有帮助的。

养狗可以，习武不行

传说雍正在御极之前，曾更名改姓在嵩山少林寺习武，并且跟江南八侠结怨，疑真疑假，传说纷纭。不过历代皇子流传下来的玩具，有雍正童年所刨的毽子两枚，分量之重有如一只半斤重石卵，尽管腰腿劲儿足，也跳不过十个。另外一副抖空竹的镶铁杆子，也是皇四子遗物，分量更是重得惊人。这些游戏崔福善当年虽然也都陪溥仪玩儿过，可是小皇上没有长性，加上视力不佳，所以这些游戏都引不起他的兴趣来。

自从溥仪纵犬噬人，四位太妃恐怕他闯出更大的祸事来，于是谕知宫内各处，一律不准饲养凶獒藏犬，要养也只能养几只袖犬叭儿狗玩玩。所以到后来冯玉祥逼宫，溥仪、婉容、淑妃三个人，一共养了各式各样北京狗三四十只，虽然都带出宫来养在什刹海醇亲王府里，王府怎比宫禁，自然养不下若许叭儿狗，于是设法送人。朗贝勒府得到一只灰色长毛狮子狗，头大腿短，颇具异相，可是抱回来之后，喂什么都不吃。后来跟原来喂养的小太监打听这只狗平常吃些什么，据说这只狗，食量极小，每天只吃熏小鸡的半条鸡腿。这种事让人听了真是啼笑皆非，后来这只狗芳踪何处，也就没有人去注意了。

名牌单车皇帝上座

溥仪在大婚之前忽然喜欢玩起自行车来，一时欧美名牌单车，有美皆备，无丽不臻，又把北平骑术最精的名手小李三召进宫去，一方面请他教导骑术，另一方面见识见识他超群的特技。起初是在日精门、月华门两趟长街练车，御路平坦，其直如矢，本来是练车最佳场所。无奈溥仪生性好动，总想骑着车到各宫蹓蹓跶跶，夸耀一番。谁知各宫都有很高的木头门槛儿，无法通行无阻，于是让内务府的木工，把各宫的门槛儿各砍去一节，以利自行车通行。偏偏永和宫的宫门是石头门槛儿，要叫石匠来凿。当时端康皇贵妃正住在永和宫，不愿意凿出一条石隙，破坏了宫中景观，因此母子之间，又发生了误会。幸亏内务大臣耆龄，解释劝说，才算把这场纠纷平息下来。可是溥仪对骑自行车，又兴致索然了。

风筝之下只好出宫

北平放风筝是有季节性的，清明前后，云静风清是放风筝最好时光。内务府造办处养有一批巧手工匠，糊出来的各式各样风筝放起来之后，只要搭上罡风，不但锣鼓齐鸣，而且荧光明灭。每年阿哥、格格们都要拿着放在天空风筝的小线抖几下，然后拿剪子剪断小线，让风筝随风飘去叫作"散灾"，保佑一年四季都没灾没病的。溥仪对于放风筝本来了无兴趣，可是自从大婚后，他岳家有几位内亲，都是放风筝好手，在宫里一块放过几次风筝，溥仪又迷上放风筝了。听说有一次放上去大大小小多达四十几只风筝，仅仅三只大风筝就放走了二十多斤老弦。第二年冯玉祥逼宫，他就迁出了紫禁城，不然的话还不知要玩出多少新花招呢！

慈禧宠监李莲英

太监们在内廷当差，只要能混到一天到晚在御前打转，懂得眉眼高低，善伺人意，应对便捷，很快就能走红，一辈子享受不尽了。李莲英、小德张之流，能够成为慈禧、隆裕跟前的大红人，还不都是凭着他们机智小巧、善于逢迎换来的吗？有人说大清半壁江山，都坏在李莲英手里了。平心而论，李莲英权诈贪婪，是个罔顾大体只知利己、太后老佛爷跟前一条忠狗而已，若跟明代的刘瑾、魏忠贤瞒上欺下、祸国殃民的一代权监来比，那还未免太抬举他了呢！

李莲英原来是河间府缝破绽、打补子的

一个皮匠，生性好赌，在赌场把自己一点辛辛苦苦的积蓄输得一干二净，急怒之下，就引刀一快自宫了。河间府的人净身到宫里当差的很多，有善心人给了他良方秘药止痛止血生肌，终于把他救活。等身子将养复元，只有当太监一途，经人引领就投奔首领太监郭吉祥了。经过三勘六验无讹，最初派在御花园钦安殿照应香火。钦安殿供的是真武大帝，每逢朔望慈禧都来拈香祈福，自从李莲英派在钦安殿当差，佛前锦伞绛节，宝盖珠幢，以暨祭神用的仪镖罍卤，总是收拾得纤尘不染、光致整洁。慈禧喜欢他性灵心细，不久就调到内宫伺候御前起居了。慈禧每天晨妆，专管梳头的太监叫沈二顺，在宫里时常装傻充愣，所以慈禧给他起个诨名叫他"傻老"，恩宠有加，可是红了不久，忽然腿上闹流火，不能上殿当差，换了几个梳头太监，不是把发根松紧扎得不合适，就是独有一撮发根滋在外头。有人怂恿李莲英试一试，李是有心人，知道慈禧颈上的头发刚而且硬，很难顺溜，于是事先准备好一小盒发胶，用小刷子三抿两抿就把慈禧后颈上那撮特别硬的头发，拢得服服帖帖。这一下立邀宸赏，不久升为首领，担任慈禧的梳头太监了。

李莲英虽然日渐走红，成为太后跟前言听计从的大红人，可是他遇事依然谨小慎微，对于一般妃嫔宫娥、女官命妇，有了舛错，惹太后不高兴，他总是尽量替人美言遮盖，曲意回护，所以在太后左右，人人对他都有好感，说小李子是个干练敏实、溢美隐恶的好人。

清宫习俗新春正月初二祭财神（江南一带是正月初五祭财神），祭财神要吃煮饽饽（即水饺，满洲人叫"饽饽"），饽饽里要包一种特制实心小金元宝，比花生米还要小。伺候慈禧吃这顿财神煮饽饽，是由妃嫔命妇拌馅儿擀皮儿亲自包小元宝，不假手御膳房的。本来应当包一只财神饺子大家来吃碰碰财气，可是大家怕老佛爷吃不着不高兴，所以一包就是四只，每年这四只财神饺子，都是老佛爷一个人吃出来，所以大家凑趣，都说老佛爷福大财旺，四时吉祥，四季发财。有一年吃财神饺子，是隆裕皇后主持其事，老佛爷吃来吃去，只吃出三只财神饺子，脸上渐有不豫之色。无巧不巧那只财神饺子偏让隆裕自己吃了出来。隆裕固然是忙中无计，大家也正跟着急得手足无措。还是李莲英灵机一动，立刻走到皇后跟前用二仙传道手法偷偷把小元宝拿过来，乘人不备塞在新煮好的饺子里，请老佛爷再吃几只新煮的饽饽。哪知，举箸而尝，一吃而得，自然僵局解开。大家又是耆年大德，又是后福来酽一套歌功颂德，自然龙颜大悦，皆大欢喜。事后隆裕感念李莲英解围有功，还给了不少赏赐。后来隆裕当国，虽然有人在隆裕面前媒蘖其短，愣说光绪猝死，凶手就是李莲英，弄得他整天提心吊胆，忐忑不安，可是他终于得保首领终老田园，据说他在太后跟前，从没说过隆裕的坏话，就是那只财神饺子还有不小的影响力呢！

　　李莲英慧黠善弄，毕竟读书不多，器小易盈，后来宠信日专，对人表面上仍旧谦恭有礼，可有时在不知不觉中也会露出他悖谬倨傲的气焰。恭王退出军机之前，叔嫂每因国事龃龉不欢。恭王新得一枚祖母绿扳指，璇玉瑶珠，莹然碧绿，整天戴在手上，摩挲把玩。偏偏有一天被李莲英瞧见，嬲着王爷赏给他见识见识，王爷告诉他，等我玩够了再赏你玩。哪知过了没几天，慈禧召见恭王，在廷对时，看见六爷手上戴着一汪水般的翡翠扳指，要六爷摘下来瞧瞧。哪知慈禧一面摩挲一面夸好，颇有爱不释手的样子，一边问话，顺手就搁在龙书案上了。恭王一看扳指既然归赵无望，只好故作大方，献给宸赏了。过了没几天，恭王在军机处等候朝参，李莲英特地亲自到军机处叫起儿，走出屋门向后一转身，一挑大拇指说："六爷请您鉴赏一下昨天奴才新买的这只翎子如何？"（太监所带翎子，跟一般文武官员的翎子不同。太监带的翎子叫"喜鹊尾儿"，羽毛纷披遮满脑后。）恭王的爱物祖母绿扳指赫然戴在李莲英拇指之上，气得恭王浑身发抖，可是又能为之奈何呢！这时候的李莲英已非吴下阿蒙，在不知不觉中就露出骄态了。

甲午战败，李鸿章入宫请罪，慈禧眷念旧勋，不但没有降罪，还勉慰有加，李氏感激涕零免冠泥首，因为廷对时间较长，忘记复帽，就仓皇退出西暖阁，大红顶子三眼花翎朝帽，仓促之间就搁在地上啦！这属于失仪、大不敬两项罪名，可又不能重新进殿拾取，只好嗒然退出。等回到贤良寺不久，李莲英居然亲自把那顶大红顶子的朝帽给李中堂送回来了，并且还替慈禧传旨温慰。据李的公子伯行说，送还纱帽，又得天语眷顾，李莲英轻而易举就揣着两千两银封回宫缴差啦。

慈禧对李莲英宠信日坚，而小李子也就嚣张日甚。光绪十六年（1890）光绪正好二十一岁举行大婚，表面上是太后撤帘归政，其实一切军国大计，光绪依旧是秉命而行，大权暗中仍然操在慈禧手里。当光绪二十年（1894）甲午慈禧六十万寿，光绪率同文武官员，先期演习庆贺仪注。原定巳时举行，届时文武百官黼黻绵绹、花衣顶戴地齐集仁寿宫，等候督总管李莲英驾到而行开始演习。左等右等直到午后申时，李大总管才姗姗而来，王公大臣一个个饥肠辘辘，足足等了三个时辰。李不但了无愧色，而且毫无歉意。光绪恪于群臣满怀激愤，于是传旨把李莲英廷杖四十，事后李莲英记恨在心，添油加醋诉之太后，才促成改立大阿哥、珍妃沉井种种祸根。新城王树楠《德宗遗事》上说，庚子之乱，珍妃被崔玉贵推入景祺阁前水井之后，太后、德宗逃难西安，途经保定。在西关外有一座普济寺，相传观音签颇着灵异，于是李莲英乘人不注意，虔诚地求了一枝，灵签上说："劝君行善莫行凶，万顷心田常自摩。欺善怕恶伤阴骘，天理昭然祸自多。"祸乱当前，也增加了李莲英不少警惕。保定的地方官员仓皇接驾，除了给太后准备了寝所，其余仅给李总管收拾了一个下处，有被有褥，而对光绪却未认真收拾卧具。夜寒甚重，光绪蜷卧一铺冰凉的土炕上，久久不能成寝。恰巧李莲英起身小解，见到光绪这种狼狈情形，忽然想起在西关所求灵签，虽然珍妃落井是崔玉贵动手，可是宫里谁都知道珍主儿跟李总管积怨已深，珍妃沉井明眼人都明白是李总管的杰作。李莲英在荒乱中觉得太后春秋已高，万一有个三长两短，光绪亲政大权在握，还能饶得了他吗？于是心思一转，立刻进屋跪在光绪面前说："让皇上这样吃苦，都是奴才疏忽，伺候不周，只是现已夜深，无法筹办了，请皇上迁就委屈，暂用奴才的铺盖吧！"结果他把床铺让给光绪，自己真在墙角蹲到天亮，尔后光绪时常提起这件事呢！慈禧驾崩隆裕垂帘，李莲英能够平安出宫隐息田园，其中是不无道理的。

李莲英躯干修伟，因为操刀自宫非常彻底，虽有良药挽回一条生命，可是脸色苍白，刚过中年已经皱纹满脸形同老妪，尤其喉音尖锐异常刺耳。有些了解内廷情形的人愣说李莲英与慈禧有私，李的住所靠近慈禧寝宫。殊不知清宫定制，王子年过十二岁就要分宫而居，各宫宫门之内都归嬷嬷宫娥上夜，内监人等只能在宫外听候差遣，等闲难越雷池一步。李莲英下处在北四所，距离慈禧寝宫步行，至少需半小时方能到达。那种匪夷所思传闻，纯出揣测，实在未容深信。

慈禧办完丧事，李莲英靠山已倒，急风转舵就告退离宫，在北平东皇城根接近帝阙，置了一所宅院。虽比不上小德张在永康胡同私宅珠帘玉户，庌庑四达，可也穿廊圆拱，雕梁粉壁，足娱晚年。并且过继两个侄儿，作为嗣子。东华门著名的饭馆东兴楼，他占了三分之二的股权。宣统大婚在出宫之前，为了缩减开支，裁撤御膳房，改由东兴楼包饭，李莲英感念故主旧恩，所包伙食，仅算成本。他有时还到东兴楼查看有无偷工减料情形，优游林下堪娱晚年。到了民国十五年春天忽然得了急性肺炎，终以送医太迟不治，死后葬在德胜门外自置茔地里。他这一死，两个败家精的嗣子，一个赛一个地狂嫖滥赌，将他一生聚敛而来的财产，变卖得一干二净。到了民国二十年左右，在德胜门晓市时或发现珍贵皮氅外褂、碧缕牙筒、翠幨围肩，大半出自天家珍异。一般古董家都认定是李莲英生前恩赏御赐，纷出高价搜求。他的两位嗣子在抗战期间贫病交迫，先后倒毙街头。一代权监的声威，也就从此烟消雾散了。

满汉全席

一九七八年，日本有家电视台，为了摄制一部中国烹饪影片，在香港"国宾酒楼"订了一桌满汉全席，这桌盛筵，分成两日四宴，四宴各有名堂，计为"玉堂宴""龙门宴""金花宴""鹿鸣宴"。一共吃了四十八小时，全部费用港币十万元（折合美金两万元）。香港报纸刊载：据参观过的人形容餐厅布置，云母螺钿酸枝台椅，堆金砌玉，樽彝罍卣，官哥定汝，树石盆栽，宫熏炉鼎之外，环壁彩仗，紫丝衱绪，各缀时卉鲜葩。盛筵宏开，八音竞奏，雅乐迎宾，并由长袍马褂堂侍高唱芳衔，依序在芬芳沤郁、水泛柔香、犀玉镂金的水盘中净手，然后肃客入座。每进一簋，也由堂侍报出菜名，并诠释内容。席上所用象箸玉杯，一律仿古缬花，动员了所有港九名厨，配置成七十道名菜，为了到各地采购搜求稀有的材料，就费了三个多月时间。这一席上食珍味，可以说是近世纪来一项破天荒的壮举了。

依据吴相湘教授说："故宫珍藏的清代膳食档册，自乾隆以后，大都完全，每天进膳时刻，膳品名目，治膳厨役姓名，临时加传膳品名目，用膳剩余分赏何人，均详列档册，至于鱼翅海参高级海味，在乾隆时代还都未曾列入天厨膳单呢！"笔者虽没有见过清代膳食档册，可是从清代名臣札记书简里，每每有太和殿赐筵的记载，例如赛尚阿《云笈七录》里，有一段形容国宴的盛况，他说："饰则铺锦列绣，剑戟棨目；食则膳馐酒醴，甜醹纷投。清磬摇穹，钧天乐奏，扬我天威，怀柔远人。"翁相国《松禅日记》里也谈到，是要逢到邻邦属国进贡来朝、平乱献俘表扬战功两项国家大事，才会很隆重举行一次满汉全席盛大国宴，旨在扬威怀远，让他们看看巍巍上国，物阜民丰，无美不备。说句俗话就是摆个谱儿，给他们瞧瞧，若是只知穷奢极欲在饮馔上下功夫，岂不有失泱泱大国的风范了吗？

香港国宾酒楼，把满汉全席命名为"玉堂宴""龙门宴""金花宴""鹿鸣宴"，全是科考传捷的吉祥话儿（状元及第赐宴名"荣恩宴"），跟满汉全席的国宴，根本扯不上关系，这些名堂，当属杜撰无疑。至于香港国宴满汉全席菜谱，菜式名称（恕不一一列举）既像念喜歌，又像祝寿词，如果这些似通非通的菜名是光禄寺所拟，光禄寺正卿不被充军十万里才怪呢！广九酒家素来喜欢把菜式起些不伦不类的怪名称，当然又是酒家一种引人注意的手法。这桌菜据说是由当年两广水师提督李准家的厨师主厨，另外还请了岭南烧腊名家赵不争师傅当顾问，一共动用了名厨一百多人。据参加这席盛筵的日本名作家小林西屋，酒足饭饱后表示，这一席是他毕生所吃最华贵精博的一餐，只是广东味重了一点。事后香港朋友，曾经把当时布置餐具、菜式、侍者服装的照片寄给我看，可称得上是奇肴华缛，无奈缺少了雍穆冲和的灵气。小林西屋的考评，虽不一定是知味之言，但是以古证今，可以思过半矣。

我们希望，将来招徕观光客的满汉全席，要在求真求实上下点儿功夫，如果菜式非驴非马，愣说是上食珍味，侍者头戴五颜六色的瓜皮小帽，身穿枣红坎肩，愣说是宫廷打扮，纵或能吸收些外汇，让人家把我们看成徒嗜口腹之欲的东方古国，那就划不来了。

从香港满汉全席谈到清宫膳食

　　最近一家日本电视台，为了摄制一部中国烹饪影片，在香港国宾酒楼订了一桌满汉全席，由著名模特儿达木丽莎主持，参加饮宴的有电视明星美滨子、影星天地稔子、作家小林西星、漫画家东海林以及TBS电视台七位高级职员一共十二人。这桌盛筵吃了四十八小时，全部费用十万元（折合美金两万元），仅仅到各处采办稀有的材料就用了三个月时间，动员了二十二位名厨，配置成七十道名菜，分成两日四宴。

　　第一天午餐叫"玉堂宴"，菜谱是"鹔鸹肉糜""瓮酡瑞蹄""杏酪凝脂""麒麟素胎""高官燕喜""天锡鸿厘""金榜题名""二甲传胪""龙运吉祥"九道大菜；晚餐叫"龙门宴"，菜谱是"雁塔题名""御扇生香""王侯扣冠""回锅大翅""一掌山河""雪菊瑞龙""满堂吉庆""福禄鸳鸯""琅玕鹿脯""九如献瑞"十道大菜。

第二天午餐叫"金花宴"，菜谱是"凤池波暖""维扬菁蛮""梦笔生花""泮水芹香""太极宏图""力拔千钧""桂耳雀舌""如意双鸡""龙船海参"九道大菜；晚餐叫"鹿鸣宴"，菜谱是"龙凤交辉""紫带围腰""袖掩金簪""牡丹凤翅""昆仑网鲍""海屋添筹""烧蛤儿巴""松鹤退龄""月影灵芝""巨海皇鲜"十道大菜。

这四桌筵席一共是三十八道菜，加上"王母蟠桃""上林春景""渔樵耕读""爵禄封侯""和合二圣""三星拱照""八仙过海""五福献瑞"八色用面粉捏制的供品，另外还有四京果、四生果、四水果、四蜜果、四看果，总共是七十样菜式。酒楼负责人表示全部菜谱是从古籍中考证而来的，餐具也特别遵古仿制，全部镀金，所可惜者，猴脑一味格于香港法令，未能入馔……

照以上的说法，如果当初满汉全席真的是这样穷奢极欲，那我们中国岂不成为只图享受、挥霍无度的民族，而不是懂得饮馔艺术的泱泱大国了。

我们先看轰动海内外的香港国宾酒楼这桌满汉全席菜单。以菜式来说，既像念喜歌，又像祝寿词。当年满汉全席，不管是归光禄寺拟，还是由内务府定，能否把似通非通的词句定为菜式名称，实在不能令人无疑。当年广州、港九、上海各地的广东酒楼，遇到有人订酒席请客，喜欢把菜式起些不伦不类的名称，弄得精于饮馔的食客也是一头雾水，非得请教堂倌，否则为鸡为鸭，是荤是素也分不清呢！

这次满汉全席两次午餐都是九道菜，两

次晚餐都是十道菜。照目前一般情形而论，一桌酒席上个九道十道菜，并不能算菜式太多，不过有些不经见的山珍海错，像象鼻、雀舌、鲸鱼、鲨肚、鹿尾等，纷纷入馔，弄得人眼花缭乱、莫测高深而已。至于猴脑一味，格于香港法令没能治馔享客表示遗憾一层，照一般人传说，吃猴脑要把猴头剃光，身穿锦衣，桌心开洞，嵌紧猴嗓，引锤一击，大家掬血而饮；那种惨不忍睹的活剧，能列入庄严肃穆的国宴中吗？

以笔者所知，中国历代皇朝，对于宫廷饮食记载，大都约而不详，就是近年民俗丛书出版的"饮食篇"，虽然说是集唐宋以来茶酒、肴馔、蔬果之大成，可也不能算是一套详明完整的专著（因为有关清朝饮馔方面实录，都未收入此篇）。

吴相湘教授说过，他曾经看过故宫珍藏的清代膳食档册，自乾隆以后，大都完全。每日帝王御膳进用时刻，膳品名目，治膳厨役姓名，用膳多少，临时加传膳品名目，用膳剩余分赏何人，均详列档册。另外清宫膳档还有一项记载，是乾隆朝高丽国进贡各种海味，中有海参二百斤，总管太监奏报说："奴才们侍候万岁爷赏人用。"不交御厨做菜用而赏人，可见在乾隆时代，鱼翅、海参都没有作为天厨上食。所以有人说清宫菜单，在乾隆以后才有鱼翅列入，可能是不假的。康乾时代正是清朝物阜民丰的全盛时期，属国贡奉朝觐使臣，络绎于途，当然国宴开的次数也最多，此时如果没有灵肴珍异盛食上味，到了嘉庆、道光，国势已蹙，就是偶张国宴，款宴来使，恐怕也不会超过康乾吧。

有人说，慈禧晚年穷奢极侈，一道晚餐，多达一百二十八碗菜。同治元年（1862年）十月初九穆宗即位，正逢慈禧万寿，那时候她是母仪天下了，御膳房申初二刻在养心殿侍候的晚膳一桌，菜单上写明用海屋添筹大膳桌摆黄膳单。火锅二品：猪肉丝炒菠菜、野味酸菜；大碗菜四品：燕窝"万"字红白鸭丝、燕窝"年"字三鲜肥鸡、燕窝"如"字八仙鸭子、燕窝"意"字十锦鸡丝；中碗菜四品：燕窝鸭条、鲜虾丸子、烩鸭腰、熘海参；碟菜六品：燕窝炒烧鸭丝、鸡泥萝卜酱、肉丝炒翅子、酱鸭子、咸菜炒茭白、肉丝炒鸡蛋。照这桌寿筵来看，所用材料除了燕窝配用较多外，各种菜式一直在鸡鸭上打转，鱼类无一入馔，鱼翅仅仅列入碟菜热炒。平心而论，比现在一桌鲍翅席还有所不如呢。

清朝膳食档册，笔者虽然没有见过，可是从历代名臣札记书简里，时常有太和殿赐筵的记载。凡是年节万寿，各项恩荣抡才喜庆大典，向例都要在太和殿大宴文武百官，同申庆贺的。要是逢到邻邦属国进贡来朝、平乱献俘庆功两项国之大事，才很隆重地举行一次盛大国宴。赛尚阿著《云笈七录》里有一段形容国宴的奇斋复丽说："饰则铺锦列绣，剑戟粲目；食则膳馐酒醴，甜醁纷投，清罄摇穹，钧天乐奏。扬我天威，怀柔远人。"可见当时国宴的水陆杂陈，丝竹并进，是别有深意存焉的。说句俗话就是摆摆谱儿，给他们来瞧瞧。

当年故宫博物院开放参观，永寿宫曾经陈列一张宣统未出宫时早膳菜单，计开：口蘑肥鸡、三鲜鸭子、五绺鸡丝、炖肉、炖肚肺、肉片炖白菜、黄焖羊肉、羊肉炖菠菜豆腐、樱桃肉山药、炉肉炖白菜、羊肉片氽小萝卜、鸭条熘海参、熘鸭丁、葛仙米、烧慈菇、肉片焖玉兰、羊肉丝焖疙瘩丝、炸春卷、韭黄炒肉丝、熏肘花、小肚、卤煮炸豆腐、烹掐菜、花椒炒白菜丝、五香丝、祭神肉片汤、白煮赛勒、煮白肉。这个菜单除了白煮赛勒不知是什么菜外，其他菜式虽然有二十多种，大都粗劣平常不成格局，甭说没有驼峰猩唇八珍一类贵物儿，就是鱼翅网鲍等普通海味，菜单上也不经见。一般人总认为宫廷饮馔是如何靡费浮夸，以此类推，就是早年宫廷大宴也没法跟香港的满汉全席来比的。

民初清宫里总管内务的，仍然叫内务府大臣。有一次旧任耆龄跟新任世续新旧交接，移交附册有一份光禄寺《大宴则例要录》，满筵汉筵固然各分等类，就是满汉全席也分上中全三等。上筵一百八十品，中筵一百五十品，全筵一百三十品。可惜当时看见清单的朋友基于好奇，匆匆翻看了一下，只记得上中全三种满汉全席的品数而已。

民国二十二年笔者有苏北扬泰之行，盐商李振青前辈住在扬州金桂园饭馆对门，振老藏有一轴乾隆南巡长卷，趁笔者到金桂园赴宴，坚约到他家品鉴一番。李府上代跟乾隆丁丑（1757）正科探花邹奕孝有姻谊，手卷是当年的聘礼。这些工笔人物长卷，大都出自内廷供奉手笔，只要看画的装裱，金钩鰈带、玉瑁悬璜，就知是百年以上的内府藏珍了。在镂漆描金的画匣中，垫着一张黄色龙纹纸的单帖，上面字体都是木版镌刻，然后印上去的，敢情是一张御用膳食礼单。乾隆毕生有十二次南游，三下扬州，这张礼单虽然没有注明年月，无疑是清帝南巡供应御用的一份食单。既然用木版刻印，一定印了若干张，料想是不会假的。单上开列：计大海十件、中海十件、小海十件、烧烤十件、卤腊十件，蜜饯二十件、热炒二十件、中小冷盆二十件、干果十件、鲜果十件，共计一百三十件。附注另有看碟二十件，所谓看碟可能就是香港国宾酒楼的看果了。可惜这个单子，仅列件数品名，没列菜名菜式，由此可知乾隆南巡，淮扬盐商巨绅是如何地竭尽所能铺张供应，比起朝廷大宴用的满汉全席上筵，恐怕只有过之而无不及了。民间传说满汉全席如何豪华奢靡，可能由此而来。

这次香港国宾酒楼把满汉全席命名为"玉堂宴""龙门宴""金花宴""鹿鸣宴"，全是科举时代科考传捷的吉祥话。其实当年只有"重宴鹿鸣"时是用"鹿鸣宴"，状元及第赐宴名为"恩荣宴"，而且都不属于满汉全席范围。"玉堂""龙门""金花"等名称想必是酒楼方面现想现抓的名词吧。予生也晚，既没见过满汉全席，更没吃过，有关满汉全席种种，也都是些东鳞西爪如是我闻，尚请各位高明有以教正。①

---

① "……唐鲁孙老兄生前亦常被人问到这件事，他的看法跟我一样，'满汉全席'这个名目是有的，但没有日本人在香港吃的那种盛筵。但有人不信，认为你没见过吃过，并不足以证明没有这样的'满汉全席'。
……吴永的《庚子西狩丛谈》写道，庚子年七月廿三日傍晚，吴永接到一通盖了延庆州大印的'急牒'，确为延庆州知州秦奎良的亲笔。上列好些名衔，下注供应食物的情况，照抄头两行如下：
皇太后
皇上　　满汉全席一桌
于此可以确证，当时确有'满汉全席'的名称。但《清稗类钞》九十二"饮食门"云：'烧烤席，俗称满汉大席，筵席中之无上上品也。烤，以火干之也，于燕窝鱼翅诸珍错外，必用烧猪烧方，皆以全体烧之。'是故所谓'满汉全席'，实际上是一桌烧烤席。"——高阳，《满汉全席即烧烤席的明证》

咸丰御厨

依据前清内务府御膳房衔名录记载，康乾全盛时代御膳房司役人等多达三百余人。到了道光继承大统，目极盛世华靡，力主崇俭务实，尤其啬于自奉，把御膳房执司白案子、红案子、头厨、二厨、下手、杂役减到不足百人。到了咸丰秉政，虽然略有增益，但是跟康乾盛世来比，仍然相差悬殊。根据最近香港电讯，清咸丰皇帝御厨梁忠的亲传弟子唐克明，最近在沈阳为各地传授宫廷菜烹制技术。

内地有新闻报道说："来自上海、天津、广东、江苏、河北、河南、陕西、吉林等十三省市的三十五位名厨，有系统地学习一年'宫廷典故菜''宫廷风味菜''满汉全席''宫廷便席'等菜肴的烹制技艺，学做的宫廷菜有'玉桃扒猴首''掌上明珠''红娘自配''宫门献鱼''雪月桃花''百鸟朝凤'等菜名。"照以上电讯所载，唐克明是咸丰御厨梁忠"亲"传弟子，咸丰在位十一年，同治十三年，光绪三十四年，宣统三年，加上一九一二年至今的七十二年，以年份来说，距今是一百三十多年，御厨梁忠的年龄，我们姑且不谈，就是他亲手调教出来的徒弟，计龄也应当是百龄开外，以耄耋老人还能翻勺弄铲做若干不同宴席来大量授徒？

前两年香港大饭店的一桌满汉全席，宴的名称，有玉堂宴、龙门宴、金花宴、鹿鸣宴等，全是科考传捷的吉祥话。至于菜谱所列菜名，既像念喜歌，又像祝寿词。这些噱头，可以说都是广东大酒楼炫奇示异的伎俩，拿来用在满汉全席的宴名菜式上，已经令人齿冷。现在宫廷菜居然有玉桃扒猴首、红娘自配种种粗俗菜名，岂不更令人笑掉大牙？

当年在御膳房当过差的老年人说过，御膳房进呈御览的膳食单子上所列菜式，鸡鸭鱼肉要写得清清楚楚，一目了然，如果用些光怪陆离、令人莫测高深的名词，让皇帝猜哑谜，万一其中再出点舛错，御膳房首领有几个脑袋呀？所以以上这则消息，充其量是招徕观光客的一种手法而已。

天府上食珍味不如台北华筵

在朋友中，我是以馋出名的。《春秋》复刊，编者要我写一篇吃的文章，平素以好啖出名，自然义不容辞。李国鼎先生说过，台湾人胃口惊人，一年可以吃掉一条高速公路，如果所说属实，那我们自然是人人有份啦！

元朝以肉类为主

中国人对于"吃"，早先讲究的是适口充肠，至于山珍海味，食前方丈，讲豪华、论排场，那仅只少数人中的极少数。远的我们不谈，就拿元明清三代来说，以帝王之尊，每日三餐，恐怕也比不上现代一席华筵呢！

中国历代皇朝，对于宫廷饮食记载，大都约而不详。就拿元朝饮膳太医忽思慧编纂的《饮膳正要》来说（是一本皇家饮食著述，也是中国饮食文学中唯一的一本官书），其中所论饮食习惯，日常以牛羊野味酪浆为主，后来虽然灭宋继承大统，入主中原，可是因为蒙古人生长在沙漠地带，在饮食方面，仍旧保有塞上粗迈豪放风格，每天御前菜单，只是在鸡鸭牛羊獐麂狍上变花样，连猪肉鱼虾都很少用，更遑论早韭晚菘水陆珍异了。

无药不成看

明代朱元璋出身草莽，马皇后又是以勤俭朴实出名的，有这样淡泊自励的帝后树之先声，所以后世子孙，对于饮馔方面，倒没有灵看千种、象肉百味、穷极恣饕的情形。

不过到了末几代皇帝，渐习骄奢淫逸，笃信道家术士炼汞求丹邪法，讲求药补食疗，饕餮御膳，顿顿离不开药物入馔，什么老山人参炖雏鸽，五味地黄煨猪腰，冻皮仔姜当归炖羊蹄，枸杞杜仲汆鲤鱼……当年随园老人袁子才说："明代宫廷饮食，由疗饥变成却病，所谓凡菜皆治病，无药不成肴。"随园老人这几句话，简直把明代宫廷饮膳，一语道尽了。

清朝宫廷饮食记载，从顺治以迄雍正，由于立国伊始，也都是约而不详。及至乾隆当政，这位十全老人几度邀游大江南北，南馔珍味，无不备尝，渐渐成了美食专家；并且独出心裁，建立膳食档册。吴相湘教授，就看过故宫珍藏的这类档案，自乾隆以后，大都完整。

乾隆是美食专家

曹锟当选大总统入主新华宫，总统府医

官苏州人曹元参，在光绪末年曾充太医院医官，据他说，当时御膳房每天各宫的膳食单，都要抄录一份送给太医院存查。这是沿袭元明旧例办理的，因为食物相生相克，变化避忌甚多，遇有后妃、阿哥、格格大小病痛，太医们进宫把脉，据以参考便于下药。他的工作就是整理审核膳食单。

他翻阅旧档，发现乾隆以前，肉类仍以獐麕麂鹿、山雉、野兔猪羊为主（清宫定制牛肉是不准入馔的）。及至乾隆南巡回京，宫廷口味才为之丕变，鱼类中的鲥、鲈、鲞、鲍，蔬菜里的莼、荸、薤、蔓也都陆续登盘荐餐。至于时下最名贵的鲍翅、排翅、乌参、干贝等海错，则从未列入上馔。乾隆时期高丽、越南那些东南亚小国，纷纷归附，贡使不绝；朝贡礼单所列海味珍奇，大多随手赏赐臣下。至于鱼翅一味，直到慈禧二度垂帘，御膳房的膳食单上，碟菜中才有肉丝炒翅子一品，只列小炒还不能列入正馔呢！

道光是有清一代崇法务实、恫幅无华最俭朴的皇帝。他穿的套裤，膝盖打补丁，每天晨餐鸡汤卧果，都嫌靡费，他每日御用膳食为何，也就可想而知啦！

慈禧寿筵的菜单

慈禧晚年，在清朝历代帝后里，算是最会享乐的了。穆宗（同治）即位，正逢她的万寿，笔者见过当年寿膳房在养心殿伺候一桌寿筵的菜单，菜单上写明用海屋添寿大膳桌，铺黄膳单，计：

大锅菜二品：猪肉丝炒菠菜，野味酸菜；

大碗菜四品：燕窝"寿"字红白鸭丝，燕窝"年"字三鲜肥鸡，燕窝"如"字八仙鸭子，燕窝"意"字什锦鸡丝；

中碗菜四品：燕窝鸭条，鲜虾丸子，烩鸭腰，烩海参；

碟菜六品：燕窝炒烧鸭丝鸡泥，酱萝卜，

肉丝炒翅子，酱鸭子，咸菜炒茭白，肉丝炒鸡蛋。

照这桌寿筵来看，以件数说，不过十六品；所用材料，除了燕窝配用六品外，所有菜式一直在鸡鸭上打转，虾只一味，鱼竟无一入馔，鱼翅仅仅列入碟菜热炒。如此看来，所谓天府上食珍味，平心而论，比起现在台北一桌华筵盛馔，讲材料，论花式及精巧细致，简直云泥霄壤之别，您说对不对？

到了宣统入承大统，御膳房虽然照例整桌传膳，可是他最爱吃端康、敬懿两位太妃每天由娘家送来的小厨房进贡的菜。到了大婚之后、出宫之前，御膳房的菜简直不能下咽，可是恪于祖制，又不便裁撤，逼得他先是在东兴楼包伙，后来索性吃起"撷英"的西餐来。冷炙温羹，末代帝王的饮膳，哪还谈得上什么食膳丰华、供馔精美呢！

把高速公路赚回来

一九七七年日本有一家电视公司，为了摄制一部中国烹饪影片，在香港国宾大酒店，订下价值两万美元的一桌满汉全席，共有七十二道菜，十二个日本人吃了两天两夜。其中有象鼻、雀舌、熊掌、驼峰、鹿尾等远方珍异。香港朋友曾经把这桌满汉全席菜单寄一份给我看，菜式名称，既像念喜歌，又像祝寿词。当年满汉全席，是要逢到邻邦属国进贡来朝和平乱献俘庆功两项国之大事，才举办的盛大国宴。菜单不管是光禄寺所拟，还是内务府订定，这种似通非通、不伦不类的菜单，要是他们的手笔，岂不令人笑掉大牙！这份菜单，一看就知道是香港酒家广东大师傅们的杰作，其他一切，不用细说也可思过半矣。

今年春季又有一批日本观光客想来台北吃一次满汉全席，开开洋荤。有人为了提倡观光事业，颇表赞同。我也认为自己吃掉一条高速公路，能向外赚回一条高速公路，哪怕半条也是好的。不过我认为"满汉全席"这个名词太落伍了，而且过分玄虚，不切实际，用这种手段招徕观光，似乎也欠光明。我想不如把中国山南海北现有名菜，按照季节品质等条件，订出几种不同价码的观光筵来，专卖外宾，国人订菜恕不承应。如果安排得当，现在洋人暴发户甚多，让他们花几文心安理得的钱，一年之间赚回一条高速公路，虽然没有给长者折枝那么容易，恐怕也不像挟泰山以超北海那样困难吧！

清宫膳食

　　中国历代皇朝，对于宫廷饮食记载，大都约而不详。例如元代"饮膳太医"忽思慧编纂的《饮膳正要》，虽然是一本皇家饮食的著述，也是中国饮食文学中唯一的官书。不过因为蒙古人生长在平沙无垠大漠地带，饮食习惯，限于环境，日常以牛羊、野味、酪浆为主；后来虽然继承大统入主中原，但在饮食方面，仍保有浓厚的塞上粗犷豪迈风格。每天御前菜单，菜色只是在牛肉羊肉、獐狍狐兔上变花样，连猪肉鱼虾都很少采用，更遑论春韭秋菘一类时鲜菜蔬，以及洞子货啦。

　　北平近郊丰台一带，有技术高超的菜农，

向阳挖掘地窖，有时兼用火烘，在严冬地冻、滴水成冰的季节里，能培养出黄瓜、扁豆、香椿一类细巧果蔬，专供御用，老百姓是难得一尝的。到了清末民初，民间才偶或有这种稀罕物儿吃，不过价钱也就贵得令人咋舌啦。

明代朱元璋出身草莽，他的马皇后以勤俭朴实出名，有这样开国帝后树之先谟，所以后世子孙，对于饮馔方面，倒还没有灵肴千种、筵醑晏晏、穷极恣飨的情形。明代到了末几代皇帝，多半骄奢淫逸，沉迷酒色，又笃信一般道家术士炼汞求丹伎俩，讲求药补食疗，饕飨馐膳，顿顿离不开药物入馔，什么老山人参炖雏鸽、五味地黄煨猪腰、陈皮子姜煲羊肉、枸杞杜仲汆鲤鱼……当年随园老人袁子才说："明朝宫中饮食，由疗饥变成却病，所谓有菜皆治病，无药不成肴。"随园老人这几句话，可以说把明代宫廷膳食刻画入微了。

清代宫廷饮食记载，从顺治以迄雍正，虽然也约而不详，可是到了乾隆临朝，这位十全老人曾经邀游过大江南北，见多识广，渐渐成为美食专家，独出心裁，树立膳食档册。凡是品尝过的珍食异品，全部不厌其详地注录列档，甚至每天用膳时刻、膳品名目、用料分量、烹调方法、治膳厨役姓氏、临时加传膳品名目、用膳余馔分赏何人，也都逐一记录入册。

曹锟当选大总统后，遴派苏州名医曹元参为总统府正医官。曹元参在光绪末年曾充太医院医官，据他说清宫御膳房所列各官膳食单（包括后妃及分宫阿哥公主在内），都有一份副本送太医院存查。这是沿袭元明旧例办理的，因为食物相生相克，避忌甚多，如有不妥，太医院要随时提出，加以纠正。同时太医院明了各宫日常传膳情形，遇有大小病痛，太医们进宫请脉时，可以有个参考，便于下药。

曹元参初到太医院，他的工作就是审核膳食单。他在院里当值，闲中无聊，偶然翻阅国初旧档，顺治、康熙两朝膳单，肉类仍以獐狍麋鹿、山鸡、野兔、牛羊为主，那些兽肉山禽都是东北特产，区域色彩还相当显著。及至乾隆南巡回京，宫廷口味为之丕变，鱼中的鲥鲈鲞鲍，蔬菜里的荠莼薹蕹都登盘荐餐，列为上食珍味。道光是有清一代恫愊无华、不尚虚矫、崇法务实的皇帝，凡是郊天祚祭，总是独宿斋宫，撤乐减膳，食不逾八簋，比一般中产之家的饮食还要俭约。宫中传说，道光每天晨餐吃"鸡汤卧果"都嫌靡费，当属事实。

有一位曾经伺候过慈禧太后的宫女说，慈禧晚年膏腴竞进，纵意所如，一顿晚餐，水陆珍异，多达一百二十八品。清宫进膳例用髹漆金绘乌木大方桌五张接连，每张餐桌都排满了杯盘碗盏，总有二十多样一桌。

同治元年（1862）十月初九穆宗即位，

恰逢慈禧万寿。那时候她已经是母仪天下、垂帘听政的皇太后。笔者见过当年寿膳房在养心殿伺候一桌寿筵的菜单，菜单上写明用海屋添筹大膳桌，铺黄膳单（即黄餐巾桌布），计大锅菜二品：猪肉丝炒菠菜、野味酸菜，大碗菜四品：燕窝"寿"字红白鸭丝、燕窝"年"字三鲜肥鸡、燕窝"如"字八仙鸭子、燕窝"意"字什锦鸡丝，中碗菜四品：燕窝鸭条、鲜虾丸子、烩鸭腰、烩海参，碟菜六品：燕窝炒烧鸭丝鸡泥、酱萝卜、肉丝炒翅子、酱鸭子、咸菜炒茭白、肉丝炒鸡蛋。照这桌寿筵来看，以件数说，不过十六品，所用材料，除了燕窝配用稍多外，所有菜式一直在鸡鸭上打转，虾只一味，鱼竟无一入馔，鱼翅仅仅列入碟菜热炒。如此看来，所谓天府盛食珍味，平心而论，比起现在台北一些豪华酒楼一桌鲍翅上席，讲材料，论花式及精巧细致，简直有霄壤之别。

是否这一席寿筵，是日常例菜之外特别

增加的，那就不得而知了。至于传说一席有一百二十八碗菜肴之多，衡诸进膳用五张八仙桌的事实，可能不假。料想御膳房的庖人，在御前当差，大都不求有功，但求无过，一切率由旧章，恪遵往例。加之取材不广，自然不会馐进百味，有什么五蕴七香的新菜式呈献御前了。

从前闻听曾经在御膳房当差的老年人说过，内廷的厨房，原本叫御膳房，到了慈禧六十大庆，才把御膳房改名寿膳房。所有杯盘碗盏，匙箸盅碟，以及饮食用的餐巾桌单，全部重烧再制，一律以"寿"字为主，什么万寿无疆啦，寿山福海啦，五福捧寿啦，延年益寿啦，真是龙纹凤彩、华缛复丽，甚至瓷瓯椴盒，金扉朱牖也要漆上五福捧寿图案。本来贵为天子，富有四海，所希翼的就是长生不老、享乐期颐，所以处处都用"寿"字，取其吉祥而兆大年。就这样一折腾，不知道耗费去几多国帑，造化了多少办差的专员。

清代自乾隆即位，对于宫廷饮馔才有定制，皇帝进膳是一百零八品，皇太后同样也是一百零八品，皇后九十六品，皇贵妃六十四品，妃嫔贵人、成年分宫的阿哥、公主，用餐也都有规定的品数。至于年幼未分宫的皇子、格格们，都是依亲进食，除非逾格蒙恩，另邀上赏，御膳房是不另外整桌传膳的。

宣统冲龄入承大统，虽然没有跟他的皇额娘隆裕太后一同进餐，可是要按祖制一百零八品传膳，未免过分糜费，于是从权减为二十六品，加上隆裕太后跟四位太妃每餐的例赏，也就有四五十品，堪称罗列满前啦。据说宣统从小最爱吃端康、敬懿两位太妃赏的菜，御膳房每天的例菜，几乎连筷子都懒得动，所以每次传膳，总是把各宫送来的加菜，放在最跟前伸手可及的地方。

内廷御膳房设在大内遵义门长巷的南三所，距离宣统用膳的养心殿已经很远，离端康太妃住的永和宫更远，离敬懿太妃的储秀宫、庄和太妃的永寿宫、荣惠太妃的长春宫三处也不算近，因之无论什么盛食珍味，摆上餐桌，就是用水碗暖锅，也不过是即之微温而已。有人说那不会把御膳房搬到比较适中的地方吗？要知掖庭关防，向来是异常严密的，就是清室逊位，蹜处后宫，也是警跸森严未容稍懈，御膳房的厨师杂役人等，品流庞杂，向来是不准跨过遵义门一步。御膳房在传膳之前，早把所有菜式全部割烹就绪，分别盛在不怕烧的有盖儿大砂煲里，放在极厚的热铁板上，上面再盖一张同样的铁板，上下都用炭火烘烤着，由当值的小太监抬进内宫，一声传膳，撤去铁板，把砂煲里的菜肴倒在细瓷的器皿里，菜虽不会太凉，可是滋味如何，那就可想而知了。

当年故宫博物院刚刚开放任人参观的时候，永寿宫玻璃柜里陈列着宣统出宫前的一张午膳菜单，计开："口蘑肥鸡、三鲜鸭子、五绺鸡丝、炖肉、炖肚肺、肉片熬白菜、黄焖羊肉、羊肉熬菠菜豆腐、樱桃肉山药、炉肉炖白菜、羊肉片汆小萝卜、鸭条熘海参、熘鸭丁腐皮、烩葛仙米、烧茨菰（慈姑）、肉片焖玉兰片、羊肉丝焖疙瘩丝、炸春卷儿、韭黄炒肉丝、熏肘花、小肚、卤煮炸豆腐、烹掐菜、花椒炒白菜丝、五香丝、祭神肉片汤、白煮赛勒、煮白肉。"

这个菜单，甭说燕翅网鲍，就连鱼虾海味也未列入菜式，一般人总认为宫廷饮馔必定是珍馐交错、虚靡浮夸，照以上那个菜单来看，不但粗劣平常，不成格局，除了菜式较多外，以素材论，比中上之家饮食还要逊色呢！

宣统大婚之后，御膳房恪于祖制，虽然未敢公然裁撤，可是架不住婉容、淑妃的一再怂恿，先是在北平著名的山东饭馆东兴楼包伙，把菜肴做好，送进宫里去吃，后来又改吃撷英番菜馆的西餐，一直留到宣统出宫，御膳房才成为历史名词。

乾清门"进克食"记

自从清社既屋，民国肇建，溥仪留在那个黄圈圈儿所谓紫禁城里，一直到冯玉祥逼宫，差不多将近十来年。在这十多年里，帝制虽废，可是逢到岁时令节、万寿庆典、元旦朝贺，宫廷仪注，一仍旧贯，只是具体而微罢了。

清代有一种武职官叫侍卫，分御前侍卫、乾清门侍卫，是专司警跸扈从的。宣统没出宫之前，虽然侍卫编制缩小，可是驻守在神武门的禁卫军，仍然有四五十号人。当时禁卫军由一位姓毓叫朗轩的统领着，其人瘦小枯干，嘴唇上长着几根七上八下的狗蝇胡子，谈吐风趣隽永，而且善于搂骂，颇得开玩笑的真谛，所以毓爷三教九流各行各业的朋友都有，大家都管他叫四爷而不名。其实人家排行在二，根本不是行四。因为毓爷不但音容笑貌跟《七侠五义》里的翻江鼠蒋平，好像一个模子里刻出来的，就是对人处世急公好义的劲儿，跟蒋四爷也不差分毫，所以大家都称呼他四爷。所谓四爷者，即蒋四爷也。他从二爷降级为四爷，也居之不疑，而且引以为荣，由此可见咱们四爷有多四海啦。

　　四爷整天是离不开鼻烟的，时常夸赞自己鼻关耐力特强，就是闻一鼻子白胡椒粉也不会打喷嚏。有一次恰跟毓四爷同席，正赶上三伏天，笔者身上带有一瓶块剂阿莫尼亚精，是预防中暑用的。四爷平素虽然经得多见得广，大概这路洋玩意儿，还没见识过，于是掏出瓶来跟四爷开开玩笑，赌个小东。如果四爷闻了之后，毫无感觉，笔者在东兴楼输酒一桌；四爷输了，请笔者吃一顿紫禁城的祭肉。谁知阿莫尼亚是由窍及脑，跟鼻烟仅仅刺激鼻关的性质两样，他一嗅之下，不仅喷嚏连天打个不停，而且涕泗交流，闹了个红头涨脸只有认输。

散席之后，我也就把这件事忘啦。有一天刚吃完晚饭，毓四忽然大驾光临，敢情是特践前约请吃祭肉来的。吃祭肉是件新鲜事儿，除非跟侍卫们有交情，等闲人是吃不到的，于是跟他进了神武门。

在顺贞门外，坐北朝南有一排高台阶屋子，就是禁卫军办公室（后来故宫博物院拍卖丸散膏丹、皮货、匹头、茶叶、绣货的仓库就设在那儿），因为当值分白、晚班的关系，屋里朝南有一排大炕，有苏拉（宫中杂役）伺候茶水，炕桌摆有细瓷茶壶、茶碗，炕上两头矮条柜上放着盖瓷缸，里头放满了大小八件（北方点心铺做的甜点心）、大花生、糖炒栗子一类甜食。

轮值的侍卫人员有十多位，最有趣的是

大家洗完脸之后，每位都有一支京八寸的旱烟袋，怀里都揣着一支鼻烟壶。当时虽然香烟已经极为普遍，可是这群侍卫老爷，就没有一位带着洋烟卷儿的。好在笔者一向是抽惯了烟斗的，大家拿出烟袋一吧嗒，倒也显得很合群。山南海北一通瞎聊，不知不觉就是二更天，侍卫老爷都换上短装，有的绑上袖箭，有的揣起二人夺（匕首），每人还有手枪一把，四人一拨，出去巡逻。工作很认真，还真像回事。没出去的人，有的和衣打盹，有的闭目养神，有的灯下看书。刚一交四更，巡逻人等就都陆续回来，各屋苏拉就送来面汤漱口水，请老爷进克食了（满洲话进餐、吃祭肉都叫"进克食"）。等大家漱洗完毕，天也不过是蒙蒙亮，苏拉用托盘送进来的餐具，是每位中型暖盅一只，酱褐色手纸，切成豆腐干大小，一寸多厚一沓。笔者心里想，吃祭肉用这些小块手纸干吗呀，恐怕露怯，所以也没敢问。

一会儿工夫，苏拉拈来一只大紫铜壶，外头罩着厚布套，壶里是滚开的浓郁膏腴的白肉汤，一个竹边铜丝小漏斗，说了句"请爷加卤子"。笔者弄不清该怎么办，幸亏毓四怕我受窘，急忙把漏斗加在我的暖盅上，肉汤从漏斗冲到盅里，立刻成了一盅上好的酱汁儿。

另外后面有一个捧着钱簸箩的苏拉，毓四从银包里拿出四个大铜板往簸箩里一扔，说两份儿四个。那位仁兄立刻拿出两把带木把的解手刀，往炕桌上一放，又挨桌收钱送刀子去了。这个时候有人喊肥，有人偏喊瘦，此起彼落，非常热闹。跟着有一位矮老头儿，捧着一张大托盘进来，每桌放下两大盘白煮肉，另外还有几个发面荷叶卷子，肉片有手巴掌大小，有肥有瘦，薄到可以跟北平冬天卖的羊头肉媲美，真是凝脂玉润，其薄如纸。白肉蘸酱汁，夹在卷子里吃，甘腴适口，肥而不腻。那比砂锅居的白肉要高明多啦。

据毓四说，清太祖当年还没进关践位大统的时候，跟明军兵将在老哈河一带展开拉锯战，有一次中计被围，清太祖混入乱军之中，突围落荒而走，明军兵将紧紧追赶。太祖看见远处有一茅草棚子隐隐露出灯光，等走到近处一看，原来是一对鬓发如霜的老头老奶奶，正在推磨子榨豆浆，准备早市呢。一看太祖英姿飒爽，气度轩昂，也猜出是员逃将，于是指了指石磨后头的草垛子，太祖就藏在草垛子里啦。等追兵来到，两位老人家一味装聋作哑，结果指点追兵朝相反方向追下，太祖才幸免于难。后来追念两老救命之恩，可是黑夜仓促之间，记不清是哪个村落，又忘了问两老姓名，一直耿耿于怀。等到践位大统，就在神武门里、顺贞门外盖了一座小庙供奉那两位老人家。因为是万历年间的事，所以就说供的是万历妈妈。全国的庵观寺院，除了家庙，都由出家人当住持，只有这座小庙是由大内御花园真武殿值年太监兼管。每天用一只全猪烧香上供。别瞧这座庙不大，不论什么禁屠大斋日子，可是给万历妈妈上供的猪，永远是供应不误。后来皇室经费虽然极端困窘，这个祭典仍然没废。直到宣统出宫，那位万历妈妈才断绝了香火供应。每天早晨，还要给万历妈妈供一遍香茶，沏茶也是用玉泉山运来的御用泉水。提起玉泉山的水，也还有段小掌故。

　　不知是清代哪一年开始，帝后饮用的水，都是每天从玉泉山运来的。凡是在北平久住的人，只要常去清华、燕京，或是逛逛西山、颐和园，总会碰上一辆骡车，拉着一只大水柜，车上插着一面小黄旗，缓缓而行。那是宫廷专用水车，从玉泉山把泉水运进宫去供应内廷使用的。一天两趟，风雨无缺。水车一进神武门，可得先给万历妈妈庙里留下一提梁子水，好沏茶上供，这壶剩下的水可也就归侍御老爷们早茶享用了。

民国二十年左右，故宫博物院分三路正式开放，凭票参观。有一次笔者同朋友参观西路，还看见这座奇特的小庙，已经是古苔夹径，兀立在残阳蔓草间呢。

　　至于吃祭肉何以不准蘸酱油，不准用筷子要用解手刀，毓四可就说不出所以然了。后来笔者在天津跟息侯金梁同席，这位金少保说，万历妈妈当年是开豆腐坊的，忌用豆类制品上供，酱油是豆类酿造而成，所以也在禁用之列。金老昔年在乾清门也当过值，彼时吃胙肉还都是淡食，大家看着祭肉皱眉头，白咕嘶咧的肉，谁都没法下咽。后来有一位苏拉，脑筋特别转得快。他把草纸浸在高酱油里吸饱再阴干，吃肉时把酱油草纸用高汤一冲，有酱油之用，而无酱油之名，大家既不违背祖制，又可免于淡食之苦，岂不一举两得。从此大伙儿才免于淡食。按照满洲的习俗，凡是郊天释奠，享用祭品一律都用刀子，所以吃万历妈妈祭肉，也是舍筷子而不用。如今谈到吃胙肉，早已成为历史名词，不过偶然在此间四川馆，吃到大片的蒜泥白肉的时候，又不禁引起思古之情了。

白菜包和生菜鸽松

　　说菜包也许有人不知道，要说生菜鸽松，现在台北市岭南口味正应时当令。而生菜鸽松又是广东餐馆不可或缺的名菜，所以一提生菜鸽松这道菜，对常在外面跑的人，总不会太陌生吧！

　　前些日子，在台北跟几位朋友到一家广州菜馆小叙，同席有位朋友点了一味生菜鸽松。这味羊城名肴，表面上看，好像并没有什么深文奥义，其实这是一道讲刀功、论火候的菜，并不是每位广东大师傅都能做得恰到好处呢！

　　首先鸽子要选大小适中的，起下来的鸽

子肉，要立刻剁成肉粒，用调味料喂透，炒时秘诀是大火、轻油，宁淡勿咸。包鸽松的生菜以仅盈一握、脆嫩整齐者为上选。生菜是最易滋生虫害的，在田间生长时必定都喷洒过农药，所以吃生菜必须先用稀释的灰锰氧彻底洗净，然后用凉开水再洗一遍，方能供客大嚼。当年梁均默先生说："生菜包鸽松，翠绿晶莹，香不腻口。"他的评语可称允当。

所谓生菜鸽松，追本溯源，其实是从满洲菜包演变而来的。

关外早冬，一过立秋，已透嫩凉，云冷草肥，就进入狩猎期了。当年清太祖尚未定鼎中原，屯兵山海关外与明军对峙的时候，有一天闲中无聊，带了一队士兵在营区左近行围射猎，打了不少獐狍麋兔，自然心中特别畅快。加上当地土人凑趣，献了十几只肥硕的"祝鸠"（祝鸠是一种野生鸽子，翼长尾短，肉极肥嫩，如有人捕得，认为是天禧祥瑞，所以叫它"祝鸠"）。可是当时扈从人多，祝鸠不敷分配，于是做成肉糜搅拌在油炒饭内，用白菜包起来吃，大家共享福胙。谁知这种吃法，不但腴而爽口，而且清凉降火，后来入主中原，"祝鸠菜包"也就列入御膳房御用膳单了。因为当年秋狩开始，祝鸠献瑞是七月初五，所以后来就把七月初五奉为秋狩郊天祭辰，白菜包列为飨胙的配馔，吃菜包的风气也就从此流传下来。

北国冬寒凛冽，内庭向例九月初一衣裘生火，要到第二年二月初一才正式停止生炉撤火。整个冬天不离炉火，任何人都会觉得口干舌燥，三焦欠舒。在慈禧垂帘听政时期，因为内外交征，肝火太旺，稍不如意，就让敬事房传板子，说不定哪一个太监或是宫女要倒霉遭殃啦。太后火气大肝火旺，御药房有的是特制的"黄连上清""银翘解毒""金衣万应锭""八宝紫金丹"一类理三焦、清内热的成药，可是左右谁敢向太后进言，请太后进点平安药呢？碰巧有一个执事太监，平素一闹火气，就把生白菜切丝用三合油一拌猛吃一顿，立刻火气全消。他想太后如果能够多吃点生白菜，岂不是把一冬所烤火中的煤气，脏腑中集聚的内热，也能一股脑儿清除了吗？于是跟首领太监大家一咬耳朵，有一天太后午膳，就有九饤食盘托着翠雪冰姿黄芽菜叶呈现御前了。慈禧吃菜包，当然一时无法找到关外的祝鸠，御膳房一动脑筋，就拿宫中饲养的肥鸽来充祝鸠，哪知炒出来的鸽松，一样肥美湛香，堪称上味，从此菜包就成了上方玉食。一直到后来清室逊位，端康皇妃当家，膳食单上有时还列有白菜包呢！

据番禺梁节庵前辈说："广州菜馆早先是没有生菜鸽松的，自从义和拳之乱，慈禧、光绪仓促驾幸西安，岑春煊扈从护驾，等动乱弭平还都途中，迭蒙赏吃白菜包。岑食而甘之，其后他开府百粤，忽然想起吃白菜包来。可是广东不出产大白菜（广东管大白菜叫"黄芽白"），白菜都是从北方用船运去的，当时跑南洋的船又时常脱班，黄芽白不时缺货应市。大帅天生性急暴躁，所以庖人急中生智，改用生菜来代替，生菜叶子没有白菜体积硕大，所以取消鸡蛋炒饭，只用炒鸽松包生菜来吃了。"梁是广东人，又在内廷当过差，从这段话来看，说生菜鸽松跟白菜包渊源有自，料想是不会假的。

北方吃的菜里喜欢用酱，尤其吃饼类面食，少不了黄酱、甜面酱之类的，例如就烤鸭吃的片儿火烧，就离不开大葱面酱，吃春饼要是不抹点儿酱，再卷上一段葱白，好像就不是吃春饼啦。至于吃菜包，菜叶里包的鸡蛋炒饭，固然不能多放盐，就是小虾仁炒豆腐，也要清清淡淡的，炒祝鸠也好，炒鸽松也好，都不能太口沉了。一个大白菜叶，可能包三碗鸡蛋炒饭，吃的时候讲究包不离嘴，嘴不离包，没时间去夹菜吃，所以吃白菜包，酱是不能少，蒜泥更是不可或缺的，一方面调和咸淡，一方面提味增香，又具杀菌作用。内廷传膳吃菜包，自然也少不了附带面酱、蒜泥，奇怪的是面酱、蒜泥不是归御膳房准备进呈，而是由当值宫监们另外预备端上来的。当年一般老百姓讲究吃喝的，买面酱不是西鼎和、老天源，就是大葫芦、六必居，那才算够谱儿，要是谁能淘换点出自内廷的面酱，那就是天池丹醴、格胜椒浆啦。

内廷宫监居然敢在宫里做酱，一点也不假，而且是有其历史性的。据说清廷自从东北进关奠都北京，岁时郊天祭祖，一仍旧贯按照满洲习俗，做一种奶油饽饽上供，尤其是春夏宗社大祭，一份饽饽桌子，就有几百上千块奶油饽饽。祭祀完了之后，要送神散福，祭品里的饽饽，就散福给掖廷上下人等。因为数量太多，一时谁也吃不完，而且久吃生厌，于是有一班脑筋活络的太监，就想出点子来了。他们凡是分到散福的饽饽，全部买下来。

　　做酱主要是要有大场地翻晒，而且要晒得透、翻得勤，宫中可做晒酱的广场到处皆是，可是在大明大摆的场合拿来晒酱，那就太不成体统了。亏他们想得出来，居然想到在坤宁宫的后面，一排又矮又小的群房前面安上缸瓮，做起酱来。这排群房原本是值班太监休息住宿的小榻榻儿（临时住所宫里叫"小榻榻儿"），就在屋外做酱，虽然是在金阙丹墀之下，可是有鸥鸶重葇掩覆着，既不显眼，又便照顾，对太监们来说，真是太理想啦。做饽饽的原料，面是飞箩细粉，油是塞上醇膏，纯脂细面，制出来的酱，虽非出自天厨，可是比起市面的醅酱，味道的鲜美不知要高出多少倍了。

　　最初太监时常把这种"体己"送给王公大臣、勋戚亲贵尝尝新，可是谁又能嘴上抹石灰白吃呢！往往厚赏有加，这就变成了太监们一项大的收入。有一班好摆谱儿的朋友，总要走走门路淘换点太监们晒的所谓"宫酱"来吃菜包、吃春饼，才算够谱儿呢！

吃大师傅：　二品顶戴的阔厨子余双盛

　　现代潮流所趋，大宴小酌都讲究哪家饭店装潢富丽，或是哪处酒楼招待宜人，仅仅台北一隅，每个月就有若干食兼南北、味压东西的饭馆酒楼开张大吉，真所谓名副其实的吃馆子了。可是割烹高手就那有限的几位，有的并且不甘寂寞，还要漂洋过海去挣外汇，留在台北几位知名的易牙，你挖来我抢去，所以有些饭馆刚一开张，点几个菜吃，的确色香味都够水准，可是吃上几次，越吃越差劲，细一打听，准保是掌勺的大师傅被人家用重金给挖走啦。例如有某家新开张的饭馆，报上宣传其布置如何堂皇，侍候如何周到，菜式如何更新，等您入座点几个菜试一试，菜式味道十之八九似曾相识，甫问，准是从哪一家大饭馆，把人家头厨用大价码给掇弄过来啦。前些年法国有位名厨"纳许"，英国白金汉宫跟美国白宫，用高薪厚遇拼命争取，举世报章喧腾哗笑，可是拿现在台北的情形来讲，已成司空见惯，不算什么新闻了。

早先在大陆不讲究吃馆子，而讲究吃大师傅。所有名厨高手，一个个刀火超群、割烹出众，那些大师傅十之八九都是主人家富而好啖、穷年累月细心调教才卓尔不群的。例如湖南口味的谭畏公厨，广东口味的江太史厨，四川口味的姑姑筵黄厨，淮扬口味的杨管北厨，以及蜚声国际大名鼎鼎的彭长贵等人。除了菜好吃之外，对于菜式的安排、浓淡甜咸的调度、出菜先后的顺序，何者宜小酌、何者宜大宴，那都是经过严格训练的，率尔操觚，婢学夫人，就难免有韭黄炒鳝丝上酒席的笑话啦。

清末民初在厨行中出了一位传奇人物，此人姓余名双盛，是山西文水人，大家都叫他余厨而不名，所以后来知道他本名的人少而又少了。余厨自从光绪中叶恭亲王奕䜣主持总理各国事务衙门时起，由一家山西票庄推荐，到衙门大厨房当厨师。有一次恭亲王跟刘坤一、李鸿章、张之洞几位方面大员谈要公，天晚了在总理衙门小花厅留饭，几样清淡小菜，就是由余双盛亲自掌勺，饭后几位美食专家异口同声，赞誉菜肴调配得宜，元脩九味，堪夸味压江南。过不久余厨就领班担纲，当了掌厨了。余厨不但刀火功高，他的接纳侍应手段，更是八面玲珑高人一等。他在总理衙门担任掌厨工作，手底下红白案子以及切摘剁洗刮下手，有数十位之多，由他指挥调度，根本用不着他自己拿勺动铲的，可是每逢总理衙门盛筵招待外宾，宴请勋戚贵藩，或是春扈褉饮，他必定躬亲匕鬯表演一番。因为他心明眼亮，手段圆滑，接纳了不少当权王公大臣，交结宫闱有势的太监，后来居然纳捐取得候补道二品衔戴花翎。凡是总理衙门尚书侍郎府上有喜庆宴会，他也是翎顶煌煌，揖让进退，跟王公大臣时贤名流们平起平坐。而那些大人先生们，三节两寿都受过余厨的厚贶，所以大家也都另眼相看，友礼相待。清末亲贵中财丰权重的要算庆亲王奕劻和载洵、载涛两位贝勒了，有人说笑话，如果他们打麻将三缺一，只有把余厨凑一角才算旗鼓相当，可见余厨的家财是多么雄厚了。

余双盛除了自己纳捐候补道外，他的少君小余也跻身外务部当了个司官，在部里担任出纳，名义上是儿子当差，暗地里收支周转全归老太爷掌握。他对于有权势用得着的员司，不但余沥分沾，就是预支薪饷，摘借应急，无不如响斯应，所以一般贪小便宜的员司，都跟小余攀交情拜把兄弟，对于余厨这位老伯大人更是毕恭毕敬、趋奉如仪了。

当时侍郎汪大燮不忮不求，在衙门里一丝不苟是出了名的，他对于余厨从来不假以辞色，因此余厨对于汪大人多少有点忌惮。有一次庆亲王御赐紫缰穿朝马荣典，衙门中员司们要造府道贺，汪大燮自亦未能免俗，前往贺喜。汪升阶还未入室，就看见余厨顶翎袍褂，在王公巨卿之前周旋言笑，逢迎趋奉。汪处此情形之下，可左右为难了，进非所愿，退则失仪，正在惶惶愕愕之间，幸亏余厨尚识大体，赶紧趋避别室，两位总算没有白板对煞。此事汪曾记入他的《习静斋札记》，谅来是不会假的。

　　庆亲王奕劻主持外务部那段时间，是余厨最得意的时候，余最大的长处，是对人经常保持"小人罪该万死，大老爷禄位高升"的谦恭和蔼态度，就是对待杂役人等也绝无财大气粗、仗势欺人的狂态。所以交往越来越宽，眼皮子越来越杂。为了拉拢西太后跟前大红人宠监李莲英，把儿子拜在李的门下以为螟蛉义子，用来夸耀。

在庚子年八国联军撤军、议和告成之后，慈禧从西安回銮，一改排外手法，为了敦睦邦交，筹备在三贝子花园，大宴各国公使夫人，以及侨居在北京的东西洋名闺贵妇。官家盛宴，以慈禧的阔绰手面，再加上这趟皇差是由那琴轩（桐）承办，自然是堂皇典丽、华贵雍容了。那桐为了讨好皇太后，一切排场，踵事增华，原本敦请英国公使馆一位蜚声国际的名厨主厨掌勺，头一天已获老佛爷的御诺，不料第二天叫起儿，老佛爷把那桐叫到御前说："西厨手艺如何不得而知，假如做出来的菜，口味不合，不能尽如人意，岂不是大煞风景，咱们对洋厨子又不能加以斥责。依我看明天的宴会，还是用外务部的余厨吧！"由此可见余厨旋乾转坤手段如何啦。这当然是李莲英背地里在老佛爷跟前搞的鬼。李总管向来是没钱不办事的，这种力能回天的举措，余厨对李的孝敬，必定是令人咋舌的一份厚礼。这一宗皇差余厨各处打点固然破费不少，可是余厨算盘打得最精，一出一进，白花花的元宝又赚进了若干倍。总之，天家之富，大家油水均沾，倒霉的只是内务府的库房而已。

民国肇建，唐绍仪出任第一任国务总理，外务部改成了外交部，余厨凭借他为人四海、交游广阔，加上手段圆滑剔透，所以仍然能把持外交部的大厨房。等到陆徵祥（清末驻俄公使）出任外交总长，余厨又重施故伎，暗地选了一份厚礼到总长公馆去。哪知陆总长是科班出身的外交人才，在俄、法、比利时住了二十余年，最厌恶贿赂馈赠那一套官场恶习。第二天派人一调查，敢情是部里一个掌厨的大师傅，盛怒之下立刻条谕开除，虽经余厨四处奔走尽力挽回，无奈陆总长耿介不苟，人情托到了袁项城跟前哼哈二将阮忠枢、杨云史，陆徵祥依然毫不买账。余厨只好卷铺盖放弃盘桓二十多年、足跨清朝民国两代的老窝，另营别巢了。余厨是个不甘寂寞的人，过了不久又用他徒弟的名义，包下了财政部的大厨房，后来官场艳称财政部的"小六国饭店"，就是余厨的杰作呢！

余厨除了财政部的大厨房外，始终不忘情老佛爷招待外宾一席华筵，于是又把三贝子花园的豳风堂包下来，承应全席小酌。他那时住在司法部街一幢花园洋房里，三天两头坐着自拉缰的马车到园子里去招呼生意。有一年樊樊山主持的嘤鸣雅集，特地到豳风堂打诗钟，有一条分咏格是"吃大师傅""丁香花"，一时佳作如云，算是余厨临老还出了一次风头。据说余厨的菜并无一定格局，凡是各省各地的名菜，他一瞧就会做，什么扬州狮子头，羊城的烧紫鲍，刀功火候都能乱真。可惜予生也晚，只闻其名，未见其人，未尝其味，否则从这位二品顶戴大师傅嘴里，定能听到不少上方珍异呢！

北洋时代上旱衙门

　　今年农历闰年，碰巧赶上闰六月，既无
台风，又少时雨，亢旱燥热，炎炎夏日，烤
得人无奈心烦。又值能源枯竭，全世界普遍
都闹油荒，政府为了节约能源，各机关学校
室内温度不到摄氏二十八度一律不得使用冷
气。有些财团富足的机关，崇台高耸，层楼
隐天，在设计盖楼之初，就是窗牖固同，旨
在隔音，不能启闭。今年暑季来临，在不能
开放冷气之下，一个个皱眉蹙额、呼天怨地
起来，于是有人想起当年北洋政府公务员上
旱衙门的滋味来了。

　　现在在台湾知道"上旱衙门"这个名词

的人，恐怕已经不多。至于上过早衙门的人，可能更微乎其微了。北平夏季入伏，虽然比不上宁沪汉渝的溽暑郁闷，可是中午时分烈日的煎逼，照样没处藏没处躲呢！所以北洋时期六、七、八三个月大小衙门作息一致一律改为早衙门了，早衙门是早晨七点到中午一点，每天工作虽然六小时，时间一紧凑，工作速度也跟着加强。当时尚不时兴什么公文稽催、考核追踪，可是也没听说哪位佥事主事老爷们，把案件一压几十天，变成贻误要公遭受处分。至于一般民众呢，因为各机关每年夏天都改为早衙门，习以为常，也免得在夏日炎炎东跑西颠的赶忙，公私两便，倒也没听见有什么不便民的闲话。

北洋时期政府各部会，财政部总绾度支，关税盐税特税都隶财政部管辖，交通部是电讯水路交通主管，所以政府虽然穷到薪水一欠几个月，逢年按节才能按几折发薪救济灾官，可是财交两部究属有入息的阔衙门，财政部的张岱杉（弧），交通部的叶誉虎（公绰），都是宽和恤下的长官，所以财交两部一改早衙门，到了十一点半就由大厨房开点心分送各科室给大家享用了，包子馒头烙饼面条每天花样翻新，绿豆粥、小米稀饭不够尽添。美其名叫点点饥，其实论质论量都可以当顿午餐，公事多的人，吃完继续办公，闲散之士剔剔牙，喝碗茶，也就该散值啦。张岱杉先生认为暑季夜里溽热，拂晓趋公，多半早餐未备，十一点多钟给每位同人供应一份丰富的点心，不但振疲醒睡，而且可以止饿疗饥，对于工作效率有莫大助益。叶誉虎先生则认为一个人每天早上九点到十一点是精神最旺盛的时候，十一点多钟再增加一些热力，效率仍可延长。饱腹从公只要能专心一志心无旁骛去工作，早衙门时间紧凑，如果调配得当，工作绩效反而更能提高呢！证诸当年财交两部办公情形，确实不无道理呢！早衙门一散，正是烈日当空，谁都不愿意顶着火毒的太阳回家，好在大家肚子都有底儿了，住在北城的多半到什刹海荷花市场去品茗，东西城的就奔北海去纳凉了，住在南城的喜欢到中央公园的水榭或是来今雨轩找补一个午觉，权当一回羲皇上人，各适其性，各得其所。虽然大家都是一群灾官（最穷的机关有欠薪达二十几月，每月七折八扣只能领少许生活费），可是当年物价低廉，每月所费有限，也都能自甘淡泊，其乐陶陶。

民国二十二年，冀察政委时代，夏季一改早衙门，同事金受申兄的内弟在什刹海搭了一个席棚子卖茶，取名"藕香居"。他选地极佳，席棚搭在柳阴蔽天，荷叶田田，濠渚中央，临流四顾，野香泡泡，境绝尘嚣。

七八位同人大家一起哄，于是议定每天由一位做主人，请大家吃下午茶，费用不超过两元，每天小吃不准同样，谁要重了样儿，罚他再请一次。当然，乾隆南巡内府秘传的苏造肉、董二秃子的豆汁辣咸菜、纪师父的水爆散胆肚仁儿、刘三拐的马油罐肠，属于什刹海四宝，是必尝之例外，藕香居的冰碗：鲜莲子、鲜核桃、鲜榛瓤、鲜杏仁，切一盘蜜汁雪藕，来上两壶竹叶青（黄酒类，不是台湾白酒类的竹叶青），三五知己喝一回果子酒，倒也却暑醒脾，喜欢喝两盅的朋友都特别欢迎。藕香居的主人是世代在海甸种莲藕、芡实的，他们每天把属于二苍子（芡实之不老不嫩者）的芡实，总要剥好了十斤八斤，用鲜牛奶加糖煮来供应一般常来的主顾，引浆啜露，凝玉初融，古人所谓玉糁羹金齑脍不过如此吧。什刹海有一个推车子卖杏仁豆腐的，他做的杏仁豆腐，纯粹用一种大扁杏仁，去皮加开水榨汁漉浆，加绵白糖、大米浆凝结的（不像台湾杏仁豆腐，是用杏仁精、杏仁露，加洋菜做的）。据说必须用开水榨汁，杏仁才能出味，米浆水和米的比例也是有一定的，太稠就变成了玻璃粉，太稀又不容易凝结起来，所以做的杏仁豆腐除了不惜工本，还要水分配合得当，才能冷香绕舌，甘滑柔嫩。因为杏仁豆腐要今天做明天卖，每天准备数量有限，藕香居的茶客进茶棚一入座，就先关照茶房给订几碗留着，否则临时想吃，十有八九是明日请早，杏仁豆腐吃不到嘴里，先让您尝尝闭门羹啦。

靠近会仙堂饭庄，有一所三合房，房主是东安市场东亚楼一位退休掌灶的老谢，有一年荷花市场一开张，他忽然心血来潮，技痒难耐，他的亲眷给他出主意，做点小吃到各家茶棚里卖。他一想，这个办法不错，既可消遣，又能找点零花，于是每天准备一菜、一粥、一点，用提盒拿到棚里卖。粥是叉烧淡菜皮蛋瘦肉粥。这是羊城最普通的一种粥点，广东人如果认为自己体内火气太盛，就煲点这种粥来喝，说是可以止烦降火。这种粥要煲得米粒融化，几近成糜，粥料才能入味。饘粥恣啜、味胜椒浆，同事谭禺生对粤菜粥点，不但研究得颇有心得，而且能亲自调羹。他认为老谢做的粥，比广东荔枝湾艇仔粥，有过之而无不及。啜粥之后，在藤椅偃息追暑，有南面王不易的乐趣。

什刹海经玉泉沆瀣，浅水芙渠所产莲藕固然是鲜嫩脆爽，尤其是荷钱翠盖，浮泛清流，蕴香啜露，别具芳菲。他把亭亭绿叶，趁朝暾未升采了下来用云茯苓代替米粉来蒸荷叶茯苓鸡，腴而不腻，香远益清，的确是暑天佐餐的隽品。受申兄每每在饮啜之余，带几包回家，外面再用鲜叶包起来，在晚间属文时候，打开荷叶包，当冷盆下酒，有助文思复饱馋吻。新闻界的陈慎言、景孤血也都赞扬广东做法的荷叶蒸鸡，比北平庄馆粗枝大叶的做法，实在技高味永，令人多吃不厌呢！

什刹海因为装灯接线不便，所以不带灯晚，夕阳西沉，暑气渐消，天近擦黑，大家

纷纷赋归，衣袂生凉，荷香满袖，彼此同是
灾官，可是豪情逸兴，比现在未遑多让呢！

北洋灾官的形形色色

　　北洋时代衙门有红有黑，红衙门根本不欠薪，就是欠也不过欠一两个月。黑衙门一欠就是十几个月，遇到年节，挖空心思，也只能发一两成薪水，一点也不稀奇。当时黑中之黑的苦衙门恐怕要属参谋本部了。

　　衙门在西安门大街，云白石的大楼，连围墙都粉得雪白，派头儿的确够瞧老半天的。据说原址是小德张的旧宅，后来小德张在永康胡同盖了新宅子，才把旧宅出手。民国成立，参谋总长坐得最长的，要算张怀之，黑衙门，苦差事，你不争我不要，所以张怀之反倒坐长远了。

遇到军阀一打内战，参谋本部就有生意上门，可以喘口气了。因为参谋本部的军事地图是经过专家测绘的，哪儿有山，哪儿有河，山多高，河多宽，都记载得详详细细。平常一文不值，一起战争，这种军事地图可就成了宝贝了。直系的军队来买，奉派也设法来要，卖个三五百张，衙门同事，就可以凑合发个三五成饷了。有一年实在大家穷极了，有人说从前小德张曾在宅子里有窖藏，在后园花丛里。于是有好事之徒，发起招股雇工挖宝，每股五块现大洋，将来挖出宝来，按股均分，并且打算给总长打个报告，一批准就动工。

　　后来有高明人说，这种报告怎么写，纵或报告上去总长也没法批呀，请机要跟总长打个招呼算了。

　　参加的人为了衙门的面子，躲开办公的日子，在礼拜天动工开挖，从早晨到天黑，十来个工人，挖了一整天，既没有挖到金银，也没找到珠宝；不过大家也没有白辛苦，一共挖出来十几口锈痕斑斑的大铁锅，失望之余，只好把铁锅论斤卖给打铁铺。还算好，参加投资的人没贴本，每股净得红利大洋七毛。事后以讹传讹，愣说参谋本部挖出来若干金元宝，等到真相大白，反倒成了当时一桩官场中的笑话。

北洋政府的财政部是在北平西长安街，紧挨着交通部。门前有面又高又大的影壁墙，有一年天寒岁暮，总长李思浩想来想去过年的头寸怎么也调度不开。政客中有位以算八字看风水起家的彭乐韬，凑巧正到财政部看朋友，李思浩听说彭精于堪舆之学，于是请彭把财政部里里外外的风水看一看。彭对看相确实有点儿研究，看风水这一门却不过是唬唬外行而已。看了半天，他说财政部明堂宽大，青龙双拥，座下吉星平平稳稳，并无不妥，只是门前影壁墙上有红瓷砖嵌着的一二三红点，拿掷骰子来说，掷出幺二三是要统赔的，如果改成四五六统吃，必定大吉大利。后来以粉刷墙壁为名，真的把幺二三改成四五六，是否财源滚滚而来，那只有天晓得了。

内政部北洋时代叫内务部，虽然在各部会里位列首席，可是内务部的穷，也是首屈一指的。

当时部里有一司叫"褒扬司"，举凡国家庆典忠孝节义的褒扬，都由这个司来办。北平有钱人家遇到尊亲大寿，或是父母之丧，总觉得能够托人请北洋首脑颁赐一方匾额，才算冠冕光显。可是那块荣典之玺，是存在内务部褒扬司里的。凡是有头有脸的人家，遇到办寿庆丧事，就会有人上门兜生意，谈褒扬了；少者百儿八十，多者千儿八百。等谈好盘子，由当事人写个呈文到部里，褒扬司往上一签，选定日期写好匾额，一座彩亭，一堂清音，由司内派人押着彩亭往当事人家里一送，还要扰本家一顿八大八小的酒席。

酒足饭饱回到司里，就等着月底分褒扬费了。

所以，内务部有时欠十个八个月薪水，可是褒扬司就比别的司处强得多了。凡是部里同人，没有一位不想往褒扬司调的，可就是挤不进去。

内务部还有一个附属机构，叫"坛庙管理处"，是比较有入息的。所有北平的庵观寺院都属他管，诸如天地坛、日月坛、先农社稷坛，三海团城、三大殿、玉泉山、颐和园，也归处里管辖，有门票收入当然就不会欠薪了。内务部的卫生署，彼时既不取缔密医，更不查禁伪药，每年除了种种牛痘，打打霍乱预防针之外，可以说冷而又冷的衙门。可是在卫生署成立之初，居然有辆红牌六零六号汽车（当时政府机关汽车都是红牌），因为汽油无所从出，也就弃而不用了。后来因为坛庙管理处经费充裕，就把六零六号汽车拨给庙坛管理处使用。当时处长恽宝懿，是做过国务总理恽宝惠的堂弟。恽家在北平算得上是做官世家，自己家里有汽车，自然不愿坐汽车号码不雅的老爷车，所以汽车虽然拨给处长，可是仍旧搁在部里车库，没人去坐，不料反而引起一场纠纷。

当时内务总长是程克（仲渔），次长是王嵩儒（松如）。程那时正力捧朱琴心，这部汽车既然没人坐，于是朱四爷就不时借来代步，汽油自然是总务司设法支应。可是日子一长，虽然不是节约能源，可是穷衙门财源不足，为了设法免费供应汽油，总、次长二人为了这部破车发生不愉快。国务总理高凌霨，跟王嵩儒是儿女亲家，于是程仲渔吃瘪挂冠而去。报纸上把这件事绘影绘声，登了两三天，成了街头巷尾你说我道的政海趣闻。

民初北平一共有平奉、平浦、平绥、平汉四条铁路。平奉、平浦共用一个火车站，位置在正阳门以东，叫东车站，平汉在正阳门以西，叫西车站，平绥在西直门，就叫西直门车站。虽然平绥路最短，交通线又是地瘠民贫的西北，客货两运都不太多，但只要通车，因为局面小开支轻，还勉强维持。最惨的是平汉铁路，路线既长，经过省份又多，总局设在东长安街，靠近王府井大街，人员众多，开支浩繁。另外，设在汉口的办事处，更是富丽堂皇，在汉口算是一等一的大机关。可是一遇上军阀割据，内战一起，不但铁路是柔肠寸断，而且挖铁轨、征车皮、劫车厢，把平汉铁路局的一点家当等于瓜分了，所以当时的平汉路局大家都叫他"贫寒路局"。

有一年薪水欠了六七个月没发，过旧历年再不想点办法，大家就真要罢工了。别人罢工不要紧，要是火车头司机跟烧煤工一罢工，那连北平到石家庄这一段也没法行车了。局长在情急之下，只有到交通部求救。

交通总长当时是吴毓鳞，思来想去，被他想出一条生路。您猜是什么好办法，西车站在全线通车的时候，客运货运非常频繁，所以上下行车有四座又宽又长的大月台。月台是法国人设计监造，天栅柱架，所用钢铁，都非常地道，于是跟东交民巷道胜银行一打商量，就拿车站铁棚钢柱做担保品，一下子就借了八十几万现大洋，不但平汉路局饥荒解决，交通部借此也沾润沾润，过了一个肥年。当时北洋政府之穷，您说到了什么程度。

北洋政府有个机关叫平政院，其实军阀时代枪杆就是法律，可以指挥一切，还谈什么平政不平政。这个机关，既然无足重视，自然列入闲曹。

有位湖北人方子明行四，跟黎黄陂有点姻亲关系，所以东一个兼差，西一个兼差，一人身兼数职。在平政院是金事上行走，在农商、交通、盐务署都有兼差。有一天平政院秘书处总务秘书通知："同人方金事子明病逝医院，妻病子幼，即将扶榇还乡，不及举行丧礼，同人如有致送奠仪者，请交某某人代收。"

彼时大家都因领不到薪水，个个闹穷，

可是人情味还是挺浓厚。普通份子六毛，有交情也不过一块到两块，如果送个五块或十块，那就是特别的大份子了。方四爷的丧事，既然秘书处有人代为张罗，把份子往秘书处一送，领份儿谢帖就完事大吉了。

过了几个月，有一天刚擦黑儿，在中央公园沿着后河露椅上，有人看见方四爷跟朋友又说又笑，正在聊天。这位朋友看见方四爷的同事，越看越毛咕，不敢上前。幸亏有另一位同事也打这儿过，两个人乍着胆子，往前一凑合，果然是活生生的方子明。他俩大叫一声方子明复生，才把方四爷的话头打断。两位同事细一追究，敢情方四爷半年前闹了点饥荒，想来想去，求人不如求己，干脆在平政院报病故。倒不是跟大家打秋风，因为当时一般衙门，有个不成文规定，不管怎么穷，一旦同人在职病故，死者为大，所有生前欠薪都要设法发清。碰上慈心主官，还能弄点抚恤金。当时公务员都有三份儿两份儿差事，找欠薪多的衙门来一个在职病故，不但可以捞回一笔整钱，比月月拿个三两成薪水，那可强多了，方子明一划算就这样报病故了。

这两位同事一听，原来如此，当然不甘心给活人送奠敬，于是敲了方子明一个小竹杠，在来今雨轩每人来一客一块二毛五的西餐，同时答应给他保密。可是久而久之，方子明的活死人的绰号，还是传扬出来了，您想想，四五十年前的公务员可怜不可怜。

财政部所属在白纸坊的印刷局，算是财政部以下最阔的机关了，虽然中、中、交、农大四行，小四行（大陆、金城、盐业、中南）的钞票不一定交印刷局印，可是邮票、印花、各省银行市官钱局的钞票铜子票，以及政府公债、银元模子，都是印刷局承印承刻的。不管是奉派、直系、安福系，哪一派，谁当了财政总长，要把印刷局首先拿过来，派自己人当局长。

有人说，大栅栏同生照相馆一换政要大相片，跟着印刷局局长就要办移交了。话虽然是一句笑话，可是事实也真是如此。

　　印刷局既然是个肥缺，可是同人薪水照样一欠十个月八个月，因为新任局长一到差，介绍函履历片就像雪片一样纷纷而来。当时各机关只要一换首长，大小职员就都得回家蹲着等派令。新派令来了，您再上衙门请见，听候指派新职，如久等没消息，您这份儿差事就算吹啦。所谓一朝天子一朝臣，真是一点儿也不假，哪像现在公务员，经过铨叙都有保障，不管换什么首长，只要本人不贪污不出错，就是天王老子其奈我何。有人说现在首长是住饭店的客人，一般职员反而像旅馆的主人，天天送往迎来，你走我不走，真是形容得一点也不错。

　　印刷局的文牍员、营业员没有限额。凡是推不开的人情，甩不掉的大帽子就往下派，同是文牍员，有的手谕上注上一个伙字，有的就不注。伙食费不论荐委，一律每月十七元，虽然数目不大，可是凡是领伙食费的人都可以按月领薪水，年终分花红。您要是列在不发伙食的范围之内，也许一个月领二三成薪，也许薪水一欠六七个月，那就说不定了。

谈到年终分红发奖金，在台湾的公务员恐怕连听都没听过。一过祭灶，局长就叫总务厅把职员录送去圈选。选定后，交秘书列单逐一召见，除了说几句慰勉话之外，致送固封信封一个，内中有局长手批致送本局印制日历若干份儿，最多的有五百份儿，最少也有五十份儿。如果要日历，那您到仓储课去领，您如果打算自己留几份儿，其余转让，那就有南纸店的伙计围上来了。

这种印制精细的故宫古物日历，市面上是卖两块大洋一份儿，您卖多少份儿，他们就买多少份儿。每份儿一块五毛，您要是批送三十份儿，那就是四十五元，照最起码的职员待遇核计，差不多就是一个半月年终奖金了，您说新鲜不新鲜。

民国六七年到十一二年，是北洋政府最艰窘的时候，大大小小的机关，或多或少都有欠薪，所幸差不多的公务员全有一两处兼差。到了月头上，这儿发三成，那儿发两成，凑合凑合也有一两百块钱，彼时生活程度不高，物价便宜，大家照样可以遛遛公园，摸上八圈，吃吃小馆，打个茶围，仍旧其乐融融。遇到逢年过节，有几个好事之徒，一起哄，大家一吆喝，成群搭伙儿往财政部一请愿，所以当时的公务员让新闻界送了个尊号叫"灾官"，到财政部请愿的专名词叫"坐索"。形形色色，各尽其妙，后来为欠薪还发行一次公债，发公债抵欠薪，于是有些人手里存着不少这种公债，等到民国十六年北伐成功，全国统一，当然这种公债就变成废纸了。

笔者好友海陵袁曲孙先生，手里这种公债很多，加上他还存有俄国的老羌帖、德国的老马克，一共好几皮箱。有一年过年，他忽然心血来潮，把公债、羌帖、马克一股脑儿拿出来当壁纸，把整间书室糊起来，请息侯金梁用甲骨文写了一个"金屋"的横额，在金屋里请大家吃春酒。名小说家张恨水俏皮地说：袁曲孙阔起来富可敌国，穷起来一文不值，说起来也算是一段灾官佳话呢。

总而言之，北洋时代公务员的酸甜苦辣，五味俱全，如果跟现在的公务员来比，那可真是马尾拴豆腐——提不起来了。

北洋时代的一页"官场现形记"

　　每个人大半都是学校毕业，才走入社会或任职或就业，算是发轫伊始，首开其端，可是我却不然，学校没毕业，就先当了一阵子公务员啦。

　　在民国十几年北伐之前，关外王张作霖挥军入关进驻平津，华北一带悉在奉军掌握之中，凡是有油水可捞的要津肥缺，就像狗抢骨头似的，被一些军政大员抢得一干二净。当时财政部辖下有个印刷局，衙门虽小，可是债券、钞票、邮票、印花，甚至于官钱局出的铜子票、银圆模子，一股脑儿全归财政部印刷局印制。只要机器一运转，财源就滚滚而来，偌大一个肥缺，自然是你争我夺扰攘不休，最后终于在河水不肥外人田情形之下，由杨邻葛（字霆）、郑鸣之（谦）攫夺到手。杨郑二人都是张大帅麾下一等一红人，谁也不能降格以求来干印刷局局长呀！于是找出当时名报人濮伯欣（一乘）来当印刷局的局长，于是不言而喻成了三一三十一的局面。

　　舍亲中有一位跟杨邻葛是同窗至好，另一位跟郑鸣之是谊托姻娅，同时濮府跟舍间也素有往还。舍间因为先君早年见背，重堂在帷，丁口单薄，区区在束发从师的年龄，逢到亲友家有婚丧喜庆，就要顶门立户，在士大夫公卿之间，言笑周旋，揖让进退了。亲友们都认为机会难得，愿意尽力吁植代为谋干。彼时坐领干薪的人多的是，虽然还没戴上方帽子，能混个小差事借此历练历练也是好的。

　　哪知濮局长一来接篆到任没几天，印刷

局就有信差送派令来了。接到奉派为财政部印刷文书课文牍员的派令后，信差东拉西扯在门房里久久不去，猛然间想起了京剧里连升三级报录的来了，一纸派令封了四块大洋的喜钱，才把信差老爷高高兴兴打发走了。

既蒙委派，自当到差谢委如仪，并且选了一个黄道吉日，蓝袍子黑马褂冠带整齐，径去彰仪门里白纸坊财政部印刷局报到谢委。印刷局琼楼层叠，玉宇高耸，不但庄严肃穆，因为严防露私，站岗的又是警察又是宪兵，令人望而生畏。

北洋时代的印刷局组织，跟后来也大不相同。局长之下分设两厅，总务厅管行政，由顾伯笙主持。顾的尊人竹侯先生是淮安巨族，有名的古钱收藏家，乃弟就是孔庸之先生总揽全国财经时倚为左右手的顾季高（翊群）。首次是由顾伯笙陪同晋见濮局长的，濮平淡夷简，态度雍容，毫无一点儿官僚气息，他知道我大学尚未毕业，告知不必每天到公，等大学毕业再到局效力，诚挚亲切，俨然长者，让我这初步踏进社会的毛头小伙子异常感奋。后来再由总务厅派员引领到文书课拜见主管课长夏承栋（夏是当时财政部次长夏仁虎的公子，台湾名报人何凡先生的令兄），副课长周维则山东人，言谈粗俗一派官腔，正副课长虽然对面而坐，可是两桌之间竖立一座木制屏风，楚河汉界泾渭分明。既然尹邢避面，一望而知正副之间定非乳水。主任课员林昌寿高龄七十有八，趋前寒暄，大约看我年岁太轻，开口就问我多大年纪，只好直告今年十八。林老捻须大笑，说他今年七十八，彼此相去一甲子，龙头凤尾都出在文书课了。想不到头一天到差，就让人起了一个凤尾的外号。

文书课办公室共分三大间，充其量不过容纳三十多位同人办公。可是听说仅文牍员就有一百二十多位，料想都是坐以待币（钞票）的朋友，否则全部来局办公，再有三间办公室，恐怕也容纳不下。我虽然经过局长关照，不必逐日上班，可是第一次做事就尸位素餐，总觉内愧不安，所以每逢周六下午没课，总要到局里签个到，到课里走走。如此每周到公一次，一晃过了四五个月，可是始终也没领过薪水，跟一些老同事打听，据说，这次改组有若干文牍员都是大帽子塞进来的，既然都不是早晚到公的，自然都列入乙类名册啦（甲类名册人员不欠薪，乙类则属于欠薪人员）。我到课里既未办过公，据我猜想，天经地义是属于欠薪一类列入乙册了，同时年轻脸嫩，又怕碰钉子遭白眼，也就搁下不敢再问了。

又过了两个月，会计处忽然送了一份通知给我，由文书课转交，说年度即将结束，希周一至周五携带印章到会计处领饷。敢情承濮局长关顾，我一到差批薪俸数额的时候，薪水虽然只有四十八块银圆，可是另外还有七十二元伙食费。局里向例，凡是有伙食的人员就算正式办公的，就列入不欠薪甲类名册了。会计处办公时间是跟银行同作息的，我是每周六下午上班，人家会计处周六下午不办公，所以半年以来，跟会计处同事始终碰不到一块儿。

半年薪俸伙食算起来一共有七百多块钱，处里给我开了一张盐业银行即期支票，让我到盐业银行柜台轧现。到了盐业银行柜台上管收付款的行员反而犯犹豫了，因为当时局长月薪不过二百八十元，我一下子就拿七百多块钱。当时经理是岳乾斋，副理是韩颂阁，接谈之下岳老有女待字未嫁，颇想跟舍下结为姻娅，后来知道我已定亲，才作罢论。否则因此或许能讨个老婆回来呢！

印刷局有一个单位叫编译室，举凡向国外采购的印刷油墨各式颜料、钞票用纸、印刷机器，凡是英文文件，一律由编译室译呈局长核阅。这项工作一向由一位萧子玉主任主持，萧因接了天津法商学院的聘书，每周六要到天津去上课，我是每周六才到局上班的，照彼此工作时间来说，正好衔接，所以他就把我签调到编译室来办公。替他因应一切，好在都是些例行公文，照猫画虎的就可以交代过去了。

大概工作了三个月，忽然间政局丕变，奉军势力撤离华北，印刷局局长已经由某系军方兵站总监朱春霖来接替了。照当时各衙门的情形，只要首长一有更动，除极少数的文书档案事务的老班底仍旧上衙门办公外，其余人员一律回家待命，各钻门路静候加委令到，再去上班。别人都纷纷回家待命，我这每周只办一天公的人，北平有句土话，自然是回家抱孩子啦。

过了三五天，林昌寿兄忽然来寓拜访，一面道喜，一面抽出一纸派令，是新任朱局长调升我为仓储课副课长。他明是送公文道喜，其实主要的是托我说项，打听一下我跟新任的渊源。林老拿来这一封派令，我思来想去怎么也捉摸不出我留任升官原因所在，可是既蒙吁植，只好先行谢委，看看情形再定行止。哪知那位朱局长别看人家是来自军中，可是恂恂儒雅，要言不烦，只对我说了句"知道弟台工作认真守正不阿，以后还要多多借重"，就端茶送客了。虽然晤对数言，可是丈二和尚仍旧莫名其妙，好在学校正放暑假，就每天早晚趋公，正式上班办事了。

　　林老因为平素老气横秋，不受文牍课欢迎，彼此忝有龙头凤尾之谊，只好签调来课专任收发。印刷局日常印制的大面额的印花邮票，以往时有短少，所以工员下班，搜检甚严，想不到这项检查工作竟然落到我的头上来了。印花邮票体积甚小，随便塞在哪里，都不容易被发现，门口警卫室在工员下班时，虽有裸体搜身规定，可是日久生玩，赤身工员一晃而过。有一天我忽然想起清朝的库丁偷银子的往事，早先各地饷银解京，全归库丁承应搬运银两入库，库丁出库能够每次私藏松江银锭四两出来。当年有一种流氓，专门吃仓讹库，就是敲诈库丁夹带银两而加以分肥。现在如果把印花或邮票卷成小卷塞入谷道，岂不是比带四两松江银锭更容易了吗？想到此处可能就是漏卮，第二天亲自监督，重点抽查，头一天就查出把印花邮票卷细塞入"后军都督府"夹带出局的仁兄，有二三十位之多。奇怪的是金额多寡不一，后来才知道印刷部门管制层层，哪种得手就偷哪种，并不能率性而为小大由之也。过了三天之后，风声所及，全局皆知，立刻弊绝风清，各项有价证券每天的结单回报四柱吻合，毫无短缺的情况了。

两个月下来，局长大人很快就奉到部令嘉奖记功。暑假一过学校开学，在下既不能天天旷课，职责所在又不能天天旷职，只好呈请辞职，还我初服，照常上学。到了旧历年底，局长居然不弃葑菲，派人送了五十份印刷局精印故宫文物日历到舍下来。想不到戎马半生的武人，能够如此笃念旧谊，而我想不到未出校门初入仕途，就遇上这么有人情味儿的长官，实在太难得了。事隔五十多年，偶然想起来当年长官高谊俊迈风度，让我久久不能去怀。

从治乱世用重典谈到前代的酷刑

　　自从四月十四日土银古亭分行发生蒙面独行大盗枪伤副理、抢走巨款事件之后，过了不久，又发现有严密组织贩卖幼婴集团，已有几十个幼儿脱手出口。这种无法无天、泯灭人性的行径，使得人人切齿，大家都主张治乱世用重典，一经缉获，立刻处以极刑，才能稍戢残酷暴戾之气。说到极刑，让我想起许许多多前朝的故事。

　　我国在专制时代，对于巨奸大恶，所用酷刑，种类繁多，如烹刑、宫刑、车刑、断手刖足、抉舌、割耳、刮鼻、剜目、黥首、五马分尸等，最残酷的刑法，要算剥皮跟凌迟了。剥皮之刑，有人说始于商纣，但是现在已经无典籍可考。最早见之于记载的有三国末期吴王孙皓，他是孙权幼孙，从小残酷嗜杀，继兄孙休为吴主后，最喜欢剥人皮。他的佞臣孟绰，媚上欺心，被他识破，一怒之下教人把孟绰的整张面皮剥下来。后来孙皓降晋，在他后宫搜出十多张完好整张面皮来。晋朝的太尉贾充问他，为什么要剥人面皮？孙皓说："有些人胁肩谄笑，一副嘴脸，厚而且韧，所以把它剥了下来以示儆惩。"明太祖朱洪武，自从消灭群雄定鼎金陵之后，为树声威，也是惯用严刑峻法的。为了整肃贪污，大小官员，凡是受贿在六千两以上的，不但枭首示众，而且要把犯人全身的皮剥下来，再用稻草把人皮塞满，挂在廨署公堂两侧，以儆贪墨。传说南京八府塘有一凶宅，就是当年剥皮刑场，地名叫皮场庙，到了成祖迁都北京，才改名八府塘的。

朱元璋狠毒嗜杀，影响所及，自成祖以

下，都喜欢用些别出心裁的方法来杀人。甚至明代的巨憝权宦，土豪劣绅，也都各有私刑，简直暗无天日。翻开历史来看，明代处置人犯，花样最多，也是最残酷的。

摩登诗人林庚白，对于星象子平研究颇深。他曾经看过一本明代星象家笔记，其中有一则谈到魏忠贤凶残剥皮手法："明熹宗时，这位星象家云游到了北京，住在曹老公庙一个锅伙里。锅伙里当然品流庞杂，三教九流，无所不有。在他隔壁有五个卖吃食的小贩，围着炕桌轰饮，大家都有了几分酒意。其中一人历数魏忠贤罪状，涉及隐私，并谓苍天有眼，奸人不久必败。四个朋友，吓得发抖，劝他千万不要多言遭祸。他认为在屋内私语，奸阉虽霸道，难道耳朵真有那么长，来剥我的皮吗？谁知睡到深夜，居然真有锦衣卫人员，推门而入，把口不择言的家伙，四肢用大钉钉在门板上，连那四个人一齐锁拿到东厂胡同锦衣卫过堂。堂上坐着一位绯鏊翠带的公公，敢情就是杀人不眨眼的魏忠贤，他说，'有人说我剥不了他的皮，现在看看究竟剥得了剥不了'。说完有人提进两桶沥青油，两把油刷子，一根木头棒槌来，先把口没遮拦的家伙衣服剥去，全身涂满沥青油，边涂边用木槌敲打，不久整张人皮脱体。四人跪在一旁看得屁滚尿流，吓得发呆。幸亏魏阉大发善心，四人才保住性命。"从以上记载来看，魏忠贤东厂的组织之严密，真是到了隔墙有耳、无孔不入的地步，而其用刑之酷更是令人不寒而栗。

明末张献忠，也是出了名的嗜杀成性的魔头。他除了喜欢把妇女的纤足剁下来，堆成金莲山，以为笑乐外，对于剥人皮的经验，更是丰富老到。据说他发明了行刑时从后脑勺一刀划下来到尾椎骨，左右一撕，一整张人皮就剥了下来。他还告诉左右，羸瘠之人，有骨头没肉，筋细脂枯，剥皮最易；痴肥壮妇皮粗肉厚，脂肪丰盈，两乳最难撕掳，这种人如能剥出整体人皮而不破裂，即可列为剥皮高手。这种论调听了岂能不让人心惊胆战。

民国二十年左右，鄂北出了一个混世魔王叫樊二侉子，在襄樊一带烧杀掳掠，罪恶滔天，被他逼奸的妇女，多到不计其数。终于由武汉"绥靖公署"，密派干员到老河口樊二侉子的姘妇家里，设法计诱缉捕到汉口来归案。审讯结果，毫无疑问的是将其判处死刑。襄樊一带受害的民众，认为此伧一枪毙命，实在不足解恨平愤，于是扶老携幼，一人拿着一炷香到汉口攀辕请愿，希望凌迟处死，替受害者雪耻报仇。可是民国肇兴，从前那些残酷不人道的处死刑罚，早经废止，尽管樊二侉子行为令人切齿，可也不能重施酷刑。几经军法处研商之下，在绑赴刑场之前，先给他服下麻痹性的毒药，到了刑场，已经呼吸停止魂归天国，于是用凌迟中最快速手法"快八刀"割左右上额，割两乳，断两臂，割心，断首，一共是八刀，襄樊民众才焚香鸣炮。这次面面俱到的处置，是我友戴少仑主持其事，他有好几个月，心里总是忐忑不安，一说起这件事，他还手心直冒汗哩！

笔者有一年到北京午门楼（所谓金凤衔诏的五凤楼）历史博物馆参观，当时该馆负责人王同义是笔者中学同窗。陈列室有一只玻璃柜，放的都是凌迟处死所用刖、刮、剉、剟各式刀凿，一律都是红漆木把，把手上都雕着面目狰狞，可怖猙狞的鬼头。据同义兄说："馆内文献记载，明代凌迟，有所谓寸磔，应当是三百六十刀。而权阉刘瑾凌迟处死，受害人家属送大把金银给刽子手，请多剁刘瑾几刀出出怨气，结果他一共受了四千七百刀。一个人被斫几千刀，岂不成了肉酱？如果在现在，那是法所不许的。到了清朝，康熙初年就在《大清律例》中明定凌迟刀数，分为二十四刀，三十六刀，七十二刀，一百二十四刀四种！只准减刀，不准接受被害人家属请托，随便增刀。其实到后来，凌迟犯人，都是快八刀毙命，不是特旨，很少使用一百二十四刀这类处死了。"

现在人欲横流，不畏法，穷凶极恶的暴徒越来越多，以杀止杀，虽然能够收效于一时，我想大家必须在家庭教育、学校教育、社会教育，三方面齐头并进釜底抽薪，才能弭戢淫邪，光著宏效。报载自一九七六年美国最高法院恢复死刑以来，全美被判死刑等待处决的男女犯人就高达一千零九人，这就证明以杀止杀绝对不是好办法，不从教育方面潜移默化，社会是永远不会熙熙融融各安所业的。

赵尔巽收服张作霖

　　无补老人赵尔巽（次珊）是光绪年间的翰林，做过东三省总督，民国后袁项城尊为"嵩山四友"，主修《清史稿》，任清史馆馆长。北洋军阀时代，赵尔巽、王士珍被称和合二佬。民初到北伐成功，北平城郊乡镇，历经兵燹，而城里安堵如恒，姑不管史学家对赵的论断如何，但北平的老百姓提起赵次老，都是肃然起敬的。清末民初，东北的红胡子，西北的白狼，都是地方的大患，赵在东三省总督任里，正是胡匪在东北拉大帮闹得最猖獗的时候。朱子桥（庆澜）那时在赵的麾下任统领，银枪白马雄姿英发，有白袍小将薛礼的雅号。当时胡子里以张景惠、张作霖两股势力雄厚，各踞一方。有一次张作霖连着打劫粮车饷银，并且杀伤官兵十多人。赵大怒之下，严令朱子桥把张作霖逮获归案。朱率所部四处追缉，有一次在某地跟张作霖相遇，展开了一场搏杀，作霖见势不妙，突围而走。朱一马当先，赶紧追赶。张骑马窜进荒山，朱仍穷追不舍，越追越近。张忽然回马横枪说："相好的，见好就收甭追啦！姓张的今天是放你一马，别尽惦记升官换纱帽呀！"朱闻听之下，一摸顶戴，果然顶子没啦。张的枪法如此神奇，朱知难力敌，只好勒马回缰，颓然而返。赵次珊鉴于张作霖有胆有识、剽悍勇武，须以智取，于是设法找到线索，委屈笼络安抚招降，终于在黑山谈妥条件，张果然率众来归。走到奉天城外，日已偏西，作霖坚持要在城外住宿，第二天清早进城，差官只好听他。当晚作霖假装肚子痛，在炕上翻滚，差官问他是否要抽大烟，张说大烟不能止痛，要止痛非吃五十只白菜鸡舌头馅煮饽饽不可，这是他止痛秘方，屡试不爽。差官一算计这顿煮饽饽，非宰一百多只鸡的舌头，才够勉强拌馅儿，于是进城请示次帅。哪知赵次帅听了之后，哈哈大笑，毫不犹豫，让快马传知立刻照办。于是各处搜罗小鸡，杀鸡割舌做馅，忙到天亮，才把五十只饽饽煮好端上来。张吃了两三只，立刻把筷子一扔，自动请求加上手铐、脚镣，进城一上总督衙门大堂，立刻跪下磕头输诚。次帅亲自下位解下镣铐，让他随军当差效力。

后来有人问张作霖何以忽然想起吃鸡舌头馅煮饽饽，张笑着说："百把只鸡都舍不得宰，还谈什么有诚意没诚意！既然一口答应照办，足证老帅确实有爱将之意，我才戴上大八件辕门投诚，否则的话，一跺脚我就起了黑票啦。"由这件事看，张作霖虽然出身草莽，可是机智、胆识，都非常人所及的。后来张在东北声势日隆，俨然关外王，张的北平行辕设在顺承王府，每次进京，都是警铎森严，黄土垫道，净水泼街。可是每来必先到北兵马司赵次帅公馆请安，还是老规矩不用名片递手本，双折大红禀上写"沐恩张作霖"几个大字。他对赵次帅感恩图报，崇敬师长终身不衰的精神，实在非常难得。

张辫帅与褚三双

当年赵尔巽收服张作霖，张勋收服褚玉璞，张、褚二人都由匪而官，在北洋时期，都成了威名赫赫、举足轻重的大军阀。世人对赵次帅智擒张雨亭的故事，知者较多，对于张辫帅纳降褚三双的经过，就不大清楚了。

民国初年，二次讨袁革命军失败，北洋大军攻陷南京，论功行赏，张勋应列首功。袁项城为了羁縻辫帅以示酬庸，特任张勋为江苏省大都督。张到任之后，首先通令江苏全省辖下兵弁，一律蓄发留辫，一切恢复清代旧制。他的军纪又差，弄得民怨沸腾，江苏老百姓咬牙切齿，可是谁都敢怒而不敢言。碰巧有一天他的亲兵在外滋事，抓着一个日本商人，竟当成无辜的老百姓，当场毙毙，因而引起驻南京各国领事馆的愤怒，联名向北洋政府提出立即撤换张勋的抗议。

袁项城正在对张辫帅在南京的罔顾大体、胡作非为无计可施，于是派阮斗瞻、杨云史两位辩才无碍的亲信，到南京"劝驾"。最后答应任命他为长江巡阅使。张勋总觉得江苏都督不够威风，早想过一过南洋大臣的官瘾。长江巡阅使，不就是前清的南洋大臣吗？于是他欣然离开南京，一马来到徐州巡阅使署履新。他一到任，就在门前竖起一对大旗杆，赤飞焰中间绣个斗大"张"字。外出拜客坐官轿，鸣锣开道，递手本，晨参跪拜，除了文官不翎顶辉煌、武官不挎刀站班外，几乎前清官仪又全部出笼。好在徐州非比白下华洋杂处，由他爱怎么折腾就怎么折腾吧！

其实在北洋时代，军阀割据，各自分疆

而治，长江巡阅使所辖不过是淮海部分地区。张勋对庶政兴革一概不理，只知摆摆官架子，显显臭排场。有一天忽然心血来潮想起苏北、鲁南比邻接壤，平素附庸风雅，自命孔氏信徒，曲阜近在咫尺，巡阅使岂能不亲谒圣墓，以示尊崇？于是电令曲阜县知事妥为筹备，一切悉遵古制。张大帅驾临曲阜谒庙的穿着，是麒麟襕服，金线盘绣蟒袍，头带珊瑚顶子双眼花翎官帽，足登粉底黑绸子朝靴，俨然是前清提督军门一品武职打扮。到棂星门下马，驻足更衣厅另换仙鹤襕褂，织锦海水衬袍，朱缨红顶，又变了清代一品文官大员。

民国初年，维新激进之士正提倡打倒孔家店，曲阜孔庙自然寂静落寞，忽然有大队兵弁拥簇着辫帅的虎驾光临，谒庙仪式又悉遵古制，孔子第七十六代裔孙、衍圣公是孔令贻，将辫帅迎入衍圣公府设宴款待。贤主嘉宾，相见恨晚，从此订交，遍览圣迹，并谒四配享庙。若不是徐州有要公待理，张辫帅恐怕还要多住些时，才能返斾。

辫帅回到徐州，他的宠姜周素雯忽然得了精神恍惚、心思不宁的怪症。衍圣公知道后，介绍了一位曲阜儒医赵廷玉来给如夫人医病，居然药到病除，妙手回春。从此赵廷玉就留在徐州，延为巡阅使署上宾，并且入参密勿，言听计从，成了大帅身边第一号红人。

山东沂蒙山区，历来就是杀人越货土匪的大本营，早年轰动中外的孙美瑶临城大劫案，就发生在这个山区抱犊岗一带。褚玉璞是一个汶上县的无赖，终年游荡，不务正业，足迹遍及鲁南山区僻壤，整天跟一些地痞流氓、鼠窃土匪，接纳往还。他除了目不识丁外，为人剽悍狡诈，反复无常，而且机诈百出，所以颇受一般土匪的拥戴。也就是他后来啸聚山林，拉大帮（当土匪）的基本条件。

张勋的巡阅使署设在徐州城内，卧榻之侧岂容悍匪横行坐大？同时褚玉璞拥有不少人和枪，于是张勋采用剿抚兼施的策略，一面招安劝降，暗中可以扩充自己的实力，同时在老袁面前，又显示个人的威望。在褚玉璞这方面，也觉得响马生活终非长久之计，也想率众投降，换取青紫。不过又怕政府不守信誉，缴械之后翻脸杀降，必须获得十分安全保障，才敢接受招安。他的小头目里有个叫王冠三的向褚氏报告："我有一位表亲赵廷玉，被圣人府介绍给张大帅的如夫人治好了病症，现在是巡阅使跟前的大红人，找他路子，可能有办法。"经过王冠三的牵线，辫帅也派赵廷玉上山勘查虚实后，赵就带了褚玉璞来到徐州，谒见辫帅。

可是拿什么东西做晋见赘敬呢？赵、王两人主张：名将爱马，辫帅又有两口嗜好，不如把褚常骑的回头望月宝马赤银鬃跟心爱的翡翠烟枪，一并呈献给大帅，以示崇敬。哪知褚玉璞说："我一共有三条命根子，一下子就送去两条，不干不干。"后来几经商榷，决定忍痛割爱，将翡翠烟枪作为见面礼呈献给辫帅。

提起这支烟枪，据一般有资格的老枪阶级人品评，这支翡翠枪跟萧耀南的九瘿十八瘤的竹根枪，都是烟枪中的瑰宝。相传这支枪是河南刘相国（果）遗留下来的，翠嘴玉尾，犀角杆，斗座是金镂珠嵌镶成。烟斗的构形，更是如同鬼斧神工：两个箭头穿过绿荷叶，并蒂齐开粉红瓣，双双露出茶晶色莲蓬，雕琢成了烟斗，因此叫作"翡翠并蒂莲蓬斗"。

这支枪斗除了矞奇华丽外，烟杆系整支犀角包成，清凉通畅，用这支枪抽大烟，既不糊斗，又不截火。抽烟人十之八九大便干燥，用此枪能使人不致有便秘的痛苦。烟斗虽由玉工初雕，可是套斗里外角度棱牙，都由安徽寿州制斗名家孙寡妇亲手修改、纠正，所以吸起来烟膏不糊斗，抽完十筒八筒，斗门仍旧是干净、通畅。套斗抽起烟来，本来有响声，这支斗由老枪抽起来，音响抑扬顿挫，有如乐奏钧天。张辫帅虽然搜藏不少名枪、名斗，可是像这样稀世之珍几曾见过，自然是喜出望外，欣然赏收。等到赵廷玉带领褚玉璞辕门候见，青衣小帽，辫子垂肩，手捧手本、名册、礼单，见了辫帅，双膝跪倒，口称："启禀大帅，罪民褚玉璞投降来迟，敬请恕罪。"

这些言词自然是有高明人士事先加以安排指点，所以进退对答，处处表现淳朴着实、毫不失仪。问他部众啸聚情形，粮秣马匹数量，也都毫不隐瞒，据实禀明。大帅问他有什么特长，褚说："我一能双手放盒子炮，百发百中；二能耍起双刀滴水不入；三能用并蒂莲蓬斗，两口大烟一齐吸下，吹出冲锋号音调。"辫帅为证实他的特长，要当众加以考验。在大操场按远、中、近距离，设下三处靶子，褚玉璞双手双枪不用瞄准，随手扳机，无论单发、双发、连发，枪枪中的，把个辫帅看得目瞪口呆。再看刀法进退急徐，纵跃如飞，刀光闪闪一团银光人刀不分，辫帅越发惊为奇才。最后表演双斗烟枪吹奏冲锋号。褚在大帅面前不敢卧倒抽烟，大帅认为这是考试，无需拘礼。褚玉璞奉命之后，于是就在大帅烟榻之上卧倒，自己打成拇指般大小烟泡，对准霞光莹琇的高罩太古灯，就呜嘟呜嘟吹起冲锋号来。这下子，把个张辫帅乐得前仰后合，认为褚三双不但名实相副，而且为不世奇才，若是收归己用，苏鲁边区可保无虞。将来皇清能够有一天复辟，这员骁将，必能深资臂助。于是破格委充为第二十七旅旅长，负责沂蒙山区清剿事宜。

褚的部众虽然整编为正式军队，可是那些乌合之众，一向自由放荡惯了，野马骤套缰绳，既未受过正规训练，更不懂什么是军规风纪，每月所领有限饷银，如何能让这班目无法纪的丘八黑饭白饭两俱无缺？天长日久实在按捺不住，自然故态复萌，又成群结伙，偷偷摸摸干起没本儿勾当来。纸包不住火，久而久之终于被人发现，详详细细向辩帅递了一份禀帖，同时沂蒙山区旅京乡绅，也有一份状子告到总统府，袁氏认为亦官亦匪，太不像话，于是严令辩帅实据查报，务获究办。

此刻辩帅对于褚玉璞由宠而厌，由厌而恼，可是深知褚奸狡反复，从严查办，深怕褚铤而走险，又率众入山；从轻处分，不但愧对苏鲁受害的黎民百姓，而且公事上对中央也无法交代。于是函电交驰，甚至亲自电话要褚玉璞星夜来徐，协商要公。褚知道大事不妙，始终唯唯诺诺，迟迟其行。等到缇骑火签到达，褚玉璞早已骑了他那匹龙颈凤尾回头望月的名驹，昼夜趱行，不到三天已从鲁南到了芝罘。他在海边找到了一艘巨型驳船，双方打过暗号，知道是自己人，于是急忙扬帆出海，顺着海岸线直驶大连。敢情这只船就是褚玉璞设下的暗桩，他早就料到招安之后，万一出了差错，这是他唯一求生之路。由此可见褚玉璞虽然是一老粗，可是他深谋远虑，就非一般人所能企及的了。

褚玉璞逃亡关外，主要是投靠当年义结金兰、同参弟兄的大哥张宗昌，那时候张宗昌在张雨帅麾下红得发紫，既是宠臣，又是骁将。张作霖对褚的所作所为，早已了如指掌，当时就委派其为混成旅旅长，后来成为奉军入关后直鲁联军的基本干部。褚深感二张知遇提拔，从此洗心革面，夙兴夜寐，整军经武，把他这一旅训练得纪律严明，勇冠三军。最难得的是毅然把鸦片烟彻底戒掉，誓不再吹冲锋号，从此褚三双的绰号，变成"褚二双"了。

直奉之战，关外大军长驱直入，关外王气势凌人，俨然成了中原盟主，论功行赏，张宗昌、褚玉璞应居首功。于是直鲁两省省长兼军务督办，舍褚、张莫属。褚坐上直隶军务督办兼省长宝座，饮水思源，时刻难忘提拔他发迹的大恩人赵廷玉、王冠三两人。王冠三追随自己多年，大字不识，倒好安插；赵廷玉脑筋灵敏，在褚的心目中，赵是羽扇纶巾，十足诸葛亮角色，而且当年又有过"褚若做了大总统，他非二总统不干"的话，虽然是句戏言，可见他志不在小。碰巧大元帅张作霖通令所辖各省，军政分治，督办为军，省长主政，直隶省长一缺，正好保举赵廷玉出任。

可是自从褚玉璞弃职潜逃，远走关外，赵是褚的荐举人，怕受牵累，改名换姓，躲在平津卖卜为生。到了张辫帅复辟失败，赵廷玉才又回到曲阜南门外，重理旧业，给人算流年批八字，韬光养晦起来。有一天忽然县署公差来找，不问青红皂白急急风拉了就走。他心里正在嘀咕不知又犯了什么官是官非，哪知一进县署，县太爷降阶相迎，说明是奉山东张督办电谕的，速寻找赵廷玉，速来保定，就任直隶省省长。

至于王冠三，找遍了山东全省各县，好不容易才在菏泽县找到王冠三。他年老多病，已经沦为乞丐，县里把他送到天津跟褚见面，两人抱头痛哭，立刻派他为省公署不办公的秘书长，并且配给自用人力车一辆。王秘书长虽然不到署办公，可是机关团体请客，都少不了秘书长的请帖。秘书长是有请必到，照当时请客的情形，汽车的车饭总是两块银圆（因为汽车另有一跟车的小车夫），人力车是一圆，秘书长车夫那份车饭钱，就由秘书长亲自赏收了。平津的刻薄嘴很多，有人出了一个谜题，是"省府秘书长"，打一剧目：《一圆钱》，可谓谑而虐矣。由此可知北洋时代，光怪陆离，令人啼笑皆非的笑话，不胜枚举。翁冰霓当年有两句打油诗说"正在田里拾大粪，官从天上掉下来"，的确把他们嘴脸刻画无遗了。

关于小凤仙的种种

最近"华视"制作的《小凤仙与蔡松坡》国语连续剧，因为主题正确，导演手法细腻，所以深受大众欢迎。

先师阆荫桐知友汪菱湖，长于书启，松坡先生旅京之时，曾代司笔札，每逢假日，辄来舍间，三五友好为诗钟雅集，酒酣耳热，每将蔡、小轶事，资为谈助。蔡除凛然民族大义外，人极偶傥风流，而所为诗词，亦跳脱绰约。当项城暗嘱杨晰子等人终日以选色征花羁縻蔡氏时，蔡有七绝一首述怀：

女贞掩面怕求媒，三十羞颜未肯开；

若羡缠头朱锦富，早经欢笑下妆台。

诗以言志，此诗极为露骨，当时蔡身处危城，军警环伺侦探密布之下，从不以此诗示人也。某日酒酣耳热，曾将此诗随口念出，汪暗中抄存，故此诗极少人知。

剧中称小凤仙隶北里云吉班，汪告当时渠曾多次随蔡前往小凤仙处吃花酒、打麻将。小凤仙先隶陕西巷云和班，后转百顺胡同三福班悬牌。据梁启超先生称，三福班即芥子园旧址。予曩在北平，鉴于梁氏之说，曾往观赏，屋宇轩敞，窗棂隔扇雕刻古朴、典雅，曲径朱槛，别有情趣，梁氏之说，当有所据。至于云吉班之说，曾遍询熟于北里花乘诸老，皆称八大胡同各清吟小班以云字起头，名班者仅一云和班，电视所谓云吉班想系误传耳。

松坡逝世，小凤仙挽蔡"几年北地胭脂"一联传诵南北，或谓此联出诸樊云门手笔。此老晚年隐居北平，诗酒捧角，乃其正课，赛金花之《彩云曲》，即系樊老遣兴之作，喜为英雄儿女添佳话，正此老拿手好戏也。

至于陶希圣先生说班子的穿短袄时不准穿裙子，那是一点也不假的。清末民初，裙子是妇女们的礼服，嫡庶之分，就在裙子上，遇有喜庆大典，正太太、姨太太，一眼就可以分出来。正太太都是大红绣花裙子，姨太太只能穿粉红、湖色、淡青等色的裙子，除非了显赫的儿女，大妇赏穿红裙子才能穿，否则就算僭越，要被人笑话了。电视剧里有几次小凤仙穿裙子自然是不合规矩的。还有几次小凤仙自己到蔡将军公馆去，照旧京当时习俗，也是不容许的。古板的人家，堂子姑娘根本不准上门，就是条子钱、花酒钱，逢年按节班子里人也不敢上门讨索，顶多打电话给账房，请求跟上边回一声。像上海每逢三节，堂子里跑外到各公馆里去算堂差钱，在北平各官绅家是不会发生的。不过演戏有时要配合剧情，制造高潮，有时跟事实不能不有所出入的。

　　谈到小凤仙面貌风韵如何，说者各异其词。天津《庸报》记者童轩荪，彼时年少好弄，听说隆福寺某照相馆，存有小凤仙照相底片，曾出重金拟购底片刊登《北洋画报》。惜底片受潮无法制版，使一代名妓美丑之争扑朔成谜，伊人秋水，徒殷遐想矣。

赛金花给戏院剪彩

　　抗战之前在北平，提起赛金花，不但老一辈的人无一人不知，无一人不晓，就是莘莘学子留心史实的，因为看过赛金花本事的，也都知道赛金花是庚子年间，八国联军进占北平时期的一位杰出的传奇人物。

　　赛金花晚年以魏赵灵飞名义，住在北平天桥一个陋巷，跟随侍她多年的小周妈相依为命，过着艰困的生活。可是据小周妈说，赛二爷还算是有福之人，每到贫病交迫、走投无路的时候，总会有人送点金钱、药物来接济她们。究竟是恤老怜贫，还是感念旧德呀，那就不得而知了。

北平旧刑部街有一座奉天会馆，屋宇闳敞，而且厅堂置酒瑶台清照，足可迎宾。后来有人一动脑筋，把敞厅舞台部分划出改为哈尔飞戏院。主持者是个大手笔的人，认为既号戏院就要轰轰烈烈，不鸣则已，一鸣惊人。居然让他出了一着高招，开幕之日请赛金花剪彩，"老乡亲"孙菊仙唱《朱砂痣》。

　　当时在北平剪彩还是件新鲜玩意儿，说好请赛金花剪彩，致送上等衣料一套，彩金银圆二十元，当事人都一一照办。赛金花唯一要求是要坐敞篷马车从寓所到哈尔飞戏院。当时北平还有几家马车行，可以雇得到马车，但都是玻璃篷的，要找辆敞篷马车，可就不十分容易啦。幸亏西城甘石桥有一家快利马车行，是借用合肥李瀚章公子经畲的马圈开设的。李经畲每天到清史馆上下班，都是坐自己敞篷马车的。哈尔飞戏院托人情商，李八太爷慨允相借，赛金花总算如愿以偿，坐着敞篷马车到哈尔飞去剪彩。赛金花一代尤物，是善于修饰自己的人，虽然秋娘已老，两鬓花白，不施脂粉，可是气度雍容眉目如画。遥想当年玄霜绛雪，无怪乎能颠倒若干名流雅士。

赛金花是由商鸿逵笔下所谓忠仆小周妈搀扶上台剪彩的。名摄影家张之达、名记者童轩荪分别拍了不少现场照片，在平津各大报画刊发表。赛剪彩后兴趣甚高，并且到池座听"老乡亲"孙菊仙唱了一出《朱砂痣》才走。当时"老乡亲"几近九旬高龄，步履雄健，可是两耳重听，找不准工尺。鲍吉祥饰吴惠泉，吴彩霞饰吴氏，孙佐臣操琴，唱者自唱，拉者自拉，各干各的，虽然两不相侔，可是台下依然彩声雷动。因为二孙加上鲍、吴，足足有三百岁之多啦。

哈尔飞戏院开幕，经过这次别开生面的剪彩，在长安、新新两家戏院没建筑完成之前，哈尔飞在西城一带一枝独秀，风光了十多年，到了抗战胜利，才正式收歇。而赛金花出过这次风头之后不久，也就流烟坠雾，黄土埋香，卜葬陶然亭畔啦。

绿林英雄好汉

从小喜欢看闲书，什么《彭公案》《施公案》《七侠五义》《小五义》《七剑十三侠》《五女七贞》，每一部书里的人名和绰号，都背得滚瓜烂熟，再加上不断地听京剧，所以一脑子里，都是甩头一子黄三太、碧眼金蝉石铸、北侠欧阳春、大环刀白眉毛徐良这类英雄好汉的影子在转。凡是听到的、看见的有关英雄豪杰绿林好汉的事，不但特别留心，而且观感上也异常锐敏。

记得在咱四五岁时，逢年过节的时候，家里总有一位虎背熊腰，光头剃得是青里透亮，赤红脸膛，两撇黑黪黪的胡子，永远系搭膊，穿坎肩儿，脚上是一双黑皮快靴，五十出头的精壮人物，带着大批贵重礼物来叩节，或者是拜寿。家里让咱叫他三爷爷，他一见咱总是一把抱起来，高举过顶，哈哈大笑，真能声震屋瓦。后来咱自从懂得看小说，脑子里印象，这位三爷爷，除没留下海（大胡子之意）之外，言谈动作，简直就是《儿女英雄传》里的邓九公再世。

这位叫钱子莲的三爷爷，外号人称南霸天，敢情当初是京南一带绿林总瓢把子。自从被先伯祖收服，洗手归正退出绿林之后，就在平津道上廊坊附近的郎家庄（读如郎个张）务农为业了。有一年中秋，他到舍下来拜节，吃过中饭一定要咱到前门外广德楼去听戏，依稀记得那天是俞振庭、迟月亭演的《金钱豹》，满台钢叉飞舞，踝子一个跟着一个摔，既勇猛，又火爆。戏园子看座儿的，还有卖零食的，似乎对这个钱三太爷伺候得分外周到，特别巴结，包厢里铺上桌布，椅子上另加厚棉垫子，茶壶嘴儿上套着黄色的茶叶纸。一会儿五香栗子，一会儿糖葫芦，又是豌豆黄，又是大碗奶酪。到了三点多钟，好几个饭庄子管事的，又送点心来啦，什么枣泥方谱、肉丁馒头，桌子简直摆得碟子压碟子啦。

戏一散，好几位买卖家儿掌柜的已经在园子门口恭候如仪。当然大家又是一窝蜂拥到饭庄子，要酒叫菜猜拳行令，大吃大喝一番。钱三老爷一到北平，总是住前门外打磨厂三义老店，饭后回到店里，大概有个三分酒意，一看月明似水，初透嫩凉，一高兴就打算带着咱赶夜路去郎家庄玩上两天再送咱回来。咱当时又想去，可又有点害怕。他说让柜上派人到家里说一声就结啦。于是我们爷儿俩，由赶车叫得顺的驾着一辆有席篷儿的大车，一吃喝直奔永定门。

出了大城一过丰台，得顺跳下车从草料簸箩里拿出一根铜架柱，挂着式样甚特别的一只铜铃铛，外面罩满紫里透亮的红缨子，驾在大辕骡子头顶上，一路叮叮当当，夜深人静，可以听出多老远去。走个十里八里，高粱地里就蹿出几个粗汉子来，可是双方面都非常客气，彼此好像说了几句寒暄话，可是咱一句也听不懂，然后拱手赶着大车又往下走。等没人的时候，一问钱三爷，才知道都是拦路抢劫所谓线上的朋友，怎么也想不到平津道上走夜路，居然有这么多的线上朋友，那真太可怕啦。

钱府的一切，倒是完全乡间土财主的式派，一点儿也看不出当年是坐地分赃的大寨主。只是最后一进，有一溜高大平房，院里土地是用三合土压得瓷瓷实实的，地上埋有碗口粗细、三尺多高的木头桩子，柱头磨得是又光又亮，一共有五六十根，可都是不规律地埋在地下，大概那就是武术界所谓的梅花桩了。屋里有两排兵器架子，架子上墙上插齐挂满全是长短软硬兵器，还有若干奇形怪状叫不上名来的，有一具紧背低头花冲弩，是钱三爷当年最得意的暗器。

我一看花冲弩，就想起《小五义》说部里的山西雁白眉毛徐良啦。敢情不是小说里乱盖，武术界真有人用这种暗器。屋里正中供着伏魔大帝，神案上放着五尺长一个黄缎子包袱，听说是一对纯钢虎尾竹节鞭。当年钱三爷洗手不干，封鞭归隐的时候，还举行了一次大典，是由先文贞公代为封包加印，从那时起这包袱就没打开了。我走到眼前仔细看过，果然隐隐约约有一行小字，一颗褪了色的朱红印记。钱三爷虽然洗手多年，年过六旬，人家一身功夫，可没搁下，功房的早课晚课从不间断。我当年童心好奇，几次想求三爷爷打两枝弩瞧瞧，因为他老人家练功都不许人看，所以心里老有点儿发憷，始终没敢开口，真是遗憾。钱三爷活到八十九岁时，有一天他忽然告诉家人说他要走啦，散功的时候，无论多痛苦，也别碰他。结果他在功房坐在蒲团上，全身抖颤，汗下如雨，足足抖了四个多时辰，才撒手西归，钱家子弟看老爷子散功如此的痛苦，后来大家练功，也不过是活动活动筋骨，谁也不敢再继续往深里练啦。

咱有位五服边上的族伯（远房的意思），住在北平西单牌楼白庙胡同，咱叫他四大爷，是前清官学生，年轻时候每个月逢六八十，都要到国子监授经听课（等于现在听名人演讲）。有一天他经过户部街，正赶上一群地痞抢库丁（当年有一种地痞流氓专门吃仓讹库，因为那都是有油水的工作。库丁是银库的搬运工人）。大家一阵慌乱，咱这位四大爷，也让他们糊里糊涂给掳了去啦。幸亏当时有位武功高强的人物经过那里，路见不平，跃马扬鞭，单手一提溜，夹上马鞍，闯出重围，直奔西郊八宝山。等咱这位四大爷惊魂甫定，已经被人救上山来，彼此一谈，才知道救自己的叫李玉清，是八宝山的庄主。李庄主也毫不隐讳，说明自己就是当年的西霸天，现在早已洗手。后来，彼此交往交往，李庄主的幺女儿，就成了咱的四伯母。

有一年永定河河水泛滥，京西有好几县受灾。李庄主拿出几百担小米赈灾，冯大总统为了鼓励褒扬，特别颁给一方"痌瘝在抱"的匾头，择吉上匾。这在李府来说，可算是有光彩的大喜事，自然要热闹热闹，大宴宾客一番。这种机会难得，咱自然跟着四大爷一块儿上山吃酒道贺，顺便开开眼。

李家庄可跟钱三爷家不一样，庄院的围墙挺高，有壕沟，似乎还真有点儿占山为王的式派。各处大小院子都搭着玻璃席篷，八人一桌，最奇怪的是全用方桌（据说绿林中人请客不用圆桌，每桌不坐十位）。菜是八菜两汤，大鱼大肉，每桌都用瓷茶盅斟酒，真应了"大碗喝酒，大块吃肉"那句话啦。

跟咱邻座，是一位祖母带着小孙子来吃酒，老祖母白发如银丝，大约七旬出头，小孙子最多不到十岁，可是吃起菜来，狼吞虎咽，食量吓人。有一盘干炸丸子，茶房一端上来，老祖母就不许小孙子动筷子，自己从头上拔下一根银簪子，有八九寸长，对准那碗丸子，手腕子几抖，已经穿了七八只干炸丸子了。跟着把挑着丸子的银簪往髻上一插，说是二孙子没来，带回去给二孙子解解馋。老人家顾盼自如，气韵矍铄。四大爷偷偷说，这位老太太武功精湛，人称白发龙女萧六姑（元瑜曰：可叹老侠女平日没肉吃），头上戴的银簪就是她的暗器。

话刚说完，邻座有位土头土脑庄稼老儿开腔了，他冲着萧六姑的孙子叫小祥说："你奶奶偏心，不是不给你炸丸子吗，宋爷爷给你夹两个吃，省得你馋得直流哈拉子（北平俗语，口水的意思），小子好好接住。"说完一甩手，两只丸子像流星赶月似的，直飞过来。您别看小祥人小，功夫还真不含糊，一伸脖儿，两只丸子全到了嘴里啦。大家一看

1234

这一老一小，都露了一手，全叫起好儿来。老头子说，小孩儿牙口好，再给你个经嚼的，跟着蹦蹦的一对铁珠，又直奔小祥而来。小祥还来不及接，萧六姑一扬袄袖，两只铁球如同石沉大海，都掉到人家宽大的袖筒里了。

萧六姑说："宋爷爷您这是逗孩子吗？简直是称量我老帮子（北平习俗称老妇之不敬语），孩子一个兜不住，岂不是就开瓢儿了么？"

宋爷名叫鸳鸯胆宋小斋，手中一对铁胆，百发百中，平常最好诙谐，见着聪明伶俐的小孩就逗，只要碰见小祥，爷儿俩总要逗逗乐子，人家老小一逗乐子，我们总算是没白来，可开了眼界啦。从前咱总觉得《彭公案》《施公案》描写人的武功如何高强，心里总有点儿怀疑，自从看了吃肉丸子收铁胆，才知道当初写这部说部的人，去古未远，描述武功，有的地方，虽然未免夸大，可是还真有点儿影子。不像后来还珠楼主李寿民他们写的武侠小说忽然上天，忽然下地，亦仙亦佛，人耶妖耶过分离谱儿啦。

从前凡是做武职官、亲民官（管州县的）和方面的大员（管一省的），拿贼捉盗，随身护卫都要几位贴身长随，得力武弁。如果上官对待部下仁厚，一到任满，那班长随武弁，多半愿意跟着长官进退，在长官暂投闲散的时候，他们也就变成看家护院的了。

舍间有这样几位护院的，一位叫孟荩臣，是河南内黄县人，说话慢吞吞的，平素绝看不出他有什么功夫。一位叫马文良，是河北涞水县人，满脸连鬓胡子，牛高马大倒像一个练家子。一位叫牛振甫，是河北定兴县人，举止温文，谈吐也极有分寸，衣履整洁，跟马文良正好相反，简直像个干练跟班的。三个人只有马文良一高兴，在月亮地舞上一套软鞭，激荡回旋，飞光射壁，看得人眼花缭乱，的确真有两手。咱小时候最欣赏神行无影谷云飞一类灵巧超伦的轻功与蹿房越脊的姿态。据说孟马牛三人，都是个中高手，可是不管怎么说三个人谁也不肯露一手给咱瞧瞧。

有一天刚吃完晚饭，隔壁邻居叫小门赵家，是一位告老太监，因事得罪了厨师，这位厨师先放火，后杀人，拿着菜刀满街乱砍，吓得大家都不敢前去救火。这下咱家里三位师傅，可露出真功夫了，连长衫都没脱，一拧身都上了东厢房屋脊。两家各有院墙，中间还隔着很宽的一条过道，可是火星乱迸，火鸽子（飞出来的火焰）乱飞，也挺危险，说连上就连上。三个人把盛米的麻袋弄湿，一条条地盖上后屋檐上，三个人每人一只装清水的水桶，蹿上蹿下随时浇在湿麻袋上。他们在房上距跃跳荡，比一般人走平地还来得轻快迅捷。家里上下人等才知道，他们真是深藏不露的高手，不是《打渔杀家》里的教师爷，马勺上苍蝇——混饭吃的。

据他们说，高来高去的飞贼，如果黑夜

蹿房越脊经过舍下，一定要跟他们打招呼借道，抽袋烟，喝碗水，赶上桃杏梨柿正结果子，摘几个果实解解渴，那是常事。不过有个规矩，借道的朋友，只能在房上吃喝抽烟，不许落地，一落地对方就是瞧不起护院的，要动真格的啦（动手较量）。

有一天，孟苌臣忽然病倒，找了好几位名医，最后断定他得的是转食（中医病名，咽喉阻塞，食水不下，可能就是现在所谓喉癌）。孟苌臣认为一生浪迹江湖，饥饱劳碌种下的病根，恐难痊愈，于是写了封信给沧州朋友。敢情孟苌臣是沧州武术名家鼻子李的最小师弟，软硬功夫跟大师哥都不分上下，可是小师弟心高气傲，总想夺尊称霸，压大师哥一头。偶然在信阳遇见赣南散手名家卢湛，死乞白赖要跟人家学五雷掌，卢湛经不住整天死磨，只好把那套五雷掌传给他。不过两派功夫不同，运气使劲也各有各的门道，一不小心走火反经。结果孟苌臣虽然把五雷掌学会，可是练功一疏神走火，变成了不能过分用力，一用力就岔气的毛病。以班辈来说，他跟鼻子李论左右，当然辈分很高。他这一病，陆陆续续不知来了多少武术名家来探病。鼻子李在东光县有一所宅子正空着，于是把小师弟接去养伤治疗，听说又活了七八年才故去。

在北平提起西单二条会家，也称得上是黼黻门第簪缨世家了。有一天夜里，来了一个外路飞贼，三言两语就跟护院武师嘎啦上了（动起手来的意思），飞贼一看护院的人多，三十六计走为上策，正拧身上房想走，有位武师一抖手就打了他一镖，他这一撒丫子（飞跑之意，北平俗称脚为脚鸭子）就没有影儿啦。

过了两天，会家的人一走近花园子月亮门，就有一股子说不出来的臭味，一天比一天臭，于是大举搜索。后来在花墙子上夹层，躺着一个死人，尸首都烂得生蛆啦。敢情那天的飞贼，身受镖伤，跑没多远，就重伤而死了。这个飞贼身上百宝囊里，零七八碎儿还真不少，据说有一串万能钥匙，一只精巧的熏香仙鹤，还有一张专治跌打损伤内服外敷的秘方五虎丹。因为五虎丹医治五劳七伤真有特效，所以舍间就把药方抄下来，交给缸瓦市玉和堂老药铺配几服，搁在柜上免费赠送，每年总要配个十服八服来支应，一直到"七七事变"才停止赠送。

　　咱以上所说的，全是四五十年前亲身经历的真事儿，胜利后在东北也还遇到几位内家外家好功夫的高手，据咱猜想，现在在台湾的高手，一定所在多有，不过人家是真人不露相而已。

一辈子侥幸的福人

话说大明朝崇祯十四年（1641年），在苏州玄妙观前街，有一家叫桂香村的茶食店，老板王老好，年过半百只生一子，取名寅生，送他南学攻读，倒也聪明伶俐。老夫妻望子成龙，总希望儿子由科考出身，博得一官半职，可以改换门庭。

两老督课甚严，无奈自己识字有限，只好多多拜托学房老师多多费心，随时加以管教啦。

到了考秀才时，寅生死也不肯去应考，两老死拉活扯，才把他送了进去。等到题目发下来，寅生胸无点墨，自然无法成篇；耗到最后，他灵机一动，把店里的糖食：玫瑰酥糖、甘草瓜子、交切片、百果糕，填满一份试卷。自忖功名无份，倒也心安理得，回家倒头便睡。谁知榜发，他居然上榜，喜得两老流下泪来，惊得寅生舌挢难下。原来试官看他满纸胡云，一拍桌子，蜡烛碰倒，把卷子烧了，只好把他取上。既然已青一衿，当然巴结去参加乡试。寅生苦在心里，有口难言，只好硬着头皮，进场应试。等题目发下来，他左顾右盼，人人振笔疾书，唯有他对着空白试卷，呆呆发愣。过了不久，有人出外走动，他枯坐无聊，也跟着出来，人家如厕，他也随着蹲坑；谁知那位朋友，从怀中掏出来的是誊好的试卷，高声朗诵，念到得意处，摇头晃脑简直忘形，不料乐极生悲，试卷掉落坑边，部分沾污，已经不能呈堂。自叹今科无望，下科再来，径自起身而去。寅生一看急忙拾了起来，回到座位，把人弃我取的试卷照抄一遍，呈堂出场。等到榜发，居然得中第十七名举人。

等到大比之年，双亲更给他张罗一切，让他进京会试，寅生虽然一百个不愿意，可又说不出口，心想到北京逛一逛也还不错，管他考得上考不上呢！一路舟车鞍马，晓行夜宿，来到北京，住在各省来京应考的举子们都住的高升栈，这座栈房坐落在宣武门外骡马市大街，不但地势冲要，而且商贾云集。

寅生在高升栈住下，看见一些宋台梁馆，固然是目迷五色，及至观览到谯楼九雉，峻宇雕墙，简直想早点打退堂鼓，赶快回家。不试而归，又怕父母卖骂。他思前想后，心生一计，他跟客栈伺候举子的伙计商量好，等入闱那天清早，伙计吆喝举人老爷起床入场，先别叫他，约莫举子们进场封好大门，再来叫他，他假装跟伙计发脾气，大吵大闹；这出戏唱下来，他赏伙计五两银子。

到了入闱那天，众举子已经入闱，他跟伙计撕撕掳掳，从栈里闹到街上，正赶上权倾一时的御前宠监，鸣锣开道，打此经过，一看情形，问知究竟，起了怜才之念，心想南方举子千里迢迢来京应试，错过今科，又要三年，于是拿自己名帖，将误卯的寅生愣送进考场，典试大臣一看是宠监特保，只好启封收纳。

寅生入闱之后，左思右想，实在无计可施，最后只好交了白卷，房官荐卷一看王寅生的试卷是无字天书，知道他是宠监特荐，一时拿不定主意，于是密商大主考；恰巧这位房官有篇拟作，王寅生试卷正好未写一字，于是抄好弥封荐了上去。谁知金殿抢元，王寅生居然独占鳌头状元及第。

到了崇祯十七年（1644年），流寇李自成陷北京，崇祯自缢煤山，宁远总兵吴三桂引清军入关，王寅生朝衣朝冠，骑马出德胜门目的是迎降；经过大兴县孙河镇一座木桥时，不料马失前蹄，人马一同跌入温榆河内，当时河水湍急，无从打捞，惨遭没顶。

后来有人说，王寅生只身出城，是准备骂敌殉国，歪打正着，还列入《明史》，称赞他孤忠殉国。综其一生走的都是意想不到的好运。以上所说虽然是个笑话，我想世界上侥幸成功，像王寅生这样的人，不能说没有，恐怕也不多吧！

这个故事是笔者接闻自赵尔巽先生者。赵氏前清翰林，曾任清史馆馆长。

一套御用的书案宝座

本月六日"万象"版，登了一篇《牛角御座》，附有照片说明是美国罗斯福总统的座椅，是由十二只牛角组合而成，造型独特，式样奇古，因此使我想起了在抗战之前所看一套华虬犀玉的瑰宝。

有一年三九天大雪，先叔忽然打个电话给我，让我到他寓所，看他所得的一件无价之宝，他住城东，我住城西，当此冰天雪地，就是坐汽车去，也要半小时途程。经不住这位小叔叔的絮语不休，只好冒雪前往。在他堂屋两边，新换一张出号大书桌，比一般裱画店的裱字画的条案还要宽大，长近八尺宽约五尺，厚有七寸，四边刻满了乾隆御制七律诗八首，涂红抹金异常醒目，桌面上方虬眼螺纹，密如繁星，罗布成一弧形，上下均衡，左右相等，底座紫檀，式样奇古。宝座是由两枝寒羊角组成，宝山峻品，屭犀蟠曲，椅座根柢凸凹，虬围离奇，两者天造地设，相得益彰。先叔鉴定，此系大内书室御用桌椅无疑，不过何以流落到德胜门宵小吐赃夜市，而为其岳家买来，作为送渠生日寿礼，殊难索解。渠岳家系雨儿胡同文董家，在清代系专供清宫文房用具包商，对这类古董，自然特别内行。前年先叔未谢世前，有一天我们在尊古斋写字画，案头一方端砚，中生螺纹五处，店主盛赞此砚如何珍贵，索价一万二千金。先叔与我，想起当年桌椅，只有相顾惨笑而已。

两对绝世瑰宝的印章

　　友人陈紫峰嗜印成癖，曩在大陆即搜集大小各式印章千余方，近二十年在港澳搜罗更勤，去年春节自港来台度假，出示新得田黄印章一颗。印章身高三寸二分，纽占八分，纽为通心镂雕，上刻大鹏展翅，神姿高彻，奋翼拿云。印身六面平滑，无疵无瑕，黄润如脂，古艳自生，阴文隶书，刻"季新私章"四字，边款只刻"木人"二字，边款年月一律从缺。

　　陈君前岁在澳门怡古山房以黄金六两购得，问我是否值得，我告诉他图章中以鸡血、田黄为极品，前此他庋藏的印章以寿山、青田石的艾叶绿、鱼脑冻为多，现在玩到鸡血、田黄，可以说对印章的认识更上一层楼了。鸡血讲究朱厚色鲜，红润坚重，纹满血匀，不犯重叠。田黄要脂凝熟粟，沉色均匀，不灰不疔，灵秀澄鲜。陈君这方印章，毫无瑕疵，比之故宫珍藏乾隆看书画所用几方御用田黄印章尤为精美，简直是绝世瑰宝，还说什么值不值得。

　　早年北平市市长周大文素有金石、印章、文玩之好，他收藏的印章中有一对鸡血、一对田黄印章堪称绝代精华。周人极豪放，听说汪精卫在行政院长任内，曾经搜集过不少名贵印章，可是登品成材的鸡血、田黄则付阙如。周、汪素无一面之识，当时周已玩厌印章，正沉涵于搜罗古月轩鼻烟壶，有宝剑赠烈士想法，打算慨然相赠，又恐怕别人说他逢迎趋附当代权要。他家跟温宗尧家是几代世谊，于是就说是温送给汪的。汪得这两对珍品后，欣喜若狂，因慕齐璜大名，立刻以重金托人，请齐白石把一对田黄印章，一方用阳文小篆刻"汪精卫之印"，一方用阴文隶书刻"季新私章"。

齐老在卢沟桥事变后，民国二十八年底，因畏日本华北驻屯军几个日酋骚扰，早就闭门谢客。并且在跨车胡同门口，贴上一张告白，声明："二十八年十二月初一起，先来之凭单退，后来之单不接。"表示此后既不卖画，也不刻印，其实有些知交友好来求，暗地里依然操刀弄笔、照刻照画不误的。齐老给汪氏两方印章是由北平篆刻家代求的，刻好之后，李苦禅恰在此时登门请益。齐老那天兴致不错，把印章何者宜篆何者应隶，以及篆隶的刀法的运用有何异同，洋洋洒洒说了半天。过没几天，名医汪逢春回苏州省亲，笔者跟陈半丁在春华楼给他饯行，座有于非闇、寿石公、李苦禅、王梦石、徐燕荪几位篆刻书画名家。李苦禅说出这两块田黄印章凝光澄练从未见过，加上齐老的精心杰作，这种旷世奇珍，居然归于豪猾奸宄一代巨憝，未免可惜。大家相顾而叹，认为这种绝世珍异，汪逆绝难久享。果然过不多久，汪因体内弹锈损及心肺，飞往东瀛就医，开刀后因遭美国飞机不停轰炸，终于死在箱根的地窟，这两对百年不遇的珍宝，也就从此下落不明了。陈兄所得这方印章，以尺寸、纽纹、色泽、光润，加上木人边款，显然就是汪氏那方田黄无疑，可惜另一方阳文小篆名章，不知流落到何处去了。

世交阮晋卿，是阮芸台太傅的裔孙，对于金石审定，出自家学。抗战初期，他就携眷毅然远适异国，侨寄巴拉圭，在亚松森开了一间小古玩店，经他多年惨淡经营，现在已经颇具规模了。去年暑假来台观光，他把历年搜集的不准备出售留供自己把玩的各国圭玺钱贝、佩玉悬璜都制成五彩幻灯片，将近百张，带来台湾让我们给他鉴赏一番。其中有一方田黄，阳文小篆刻着汪精卫名章；

一对狮纽鸡血石印章，高四寸，一方刻阳文
"汪兆铭之章"，一方刻阴文"精卫私章"。前
者系籀文，后者刻小篆。阮兄说："有人告诉
他两者都出自名篆刻家陶伯铭之手。"

我看前者气韵高、笔势壮，可能是陶氏
作品；后者妄生圭角，运笔亦欠流畅，恐系
别人假借，似非陶氏所作。图章用北平琉璃
厂所制五色锦囊装着，我曾以此照片跟此间
几位篆刻名家推敲研究过，大家也都认为后
一方坚壮有余，神采不足，不类出自陶氏之
手。那方田黄汪氏名章跟陈紫峰所有正好一
对，大家也公认是齐白石手刻印章。经名家
鉴定，确非凡品之后，阮兄对这三方印章
更是特别珍惜。他回到侨居地之后，立刻
将这几颗印章送到当地有外汇交易的银行
收藏起来。

他希望有一天香港陈紫峰先生跟他一同，
把所藏那方田黄印章捐献给博物院，我想紫
峰兄爱国，对于把有历史性的文物公之于众，

也不会甘居人后吧！这件事，将来我一定设法促其完成。

民初黑龙潭求雨忆往

翻开公元一九七九年历书，岁次庚申是十龙治水，根据老一辈人的经验，"龙多四靠"，必定是个旱年。不管这个说法是迷信说法，还是经验累积，可是这一年夏季，果然是雨稀云薄。梅雨时期不霢不雨，整天骄阳灼肤，全台湾南北各地水库，用水量增多，蒸发量加速，蓄水日渐枯竭，甚至干涸见底。自来水公司为了节约水源，从三日一停水，缩短为隔日一停水，并且把民间四百九十七口深水井一律开放，以应急需。幸亏"诺克斯""珀西"两个台风相继而来，这可怕的干旱现象，才宣告解除。

古代久旱不雨，天子亲率百官，郊天求雨，盼望早降甘霖，这本是民智未开时代的一种迷信举动，想不到民国肇建之后，又重新上演了一次。舍亲王嵩儒亦曾亲与其事，事后他把这件事当说故事讲给我们听，所以到现在还记得很清楚。他说："冯华甫（国璋）任大总统时期，有一年从立夏到处暑一百多天之中，华北平津一带滴雨未下，连井水都干枯了。当年还没有电冰箱，一般人想吃点冷藏的水果，只有用竹筐、篾篮把瓜果系到井里去镇凉，可是井水一干，连冰镇的西瓜、香瓜也没得吃了。北平东西南北城本来各有一处藏冰的冰窖，以什刹海的冰窖土厚冰坚，储量最多，规模最大。可是那一年夏天骄阳焴焴，培土都被晒透，冬季堆藏整方的天然冰，纷纷自动溶解。一般卖冷饮的小贩，只好舍弃卖冷饮，改操别业。最惨的是一些饭庄酒肆，凡是离不开冰的鱼虾鳞介，简直无法储藏，有些饭庄虽不收歇，索性借口暑季修理炉灶，也暂停营业。

"市面谣诼繁兴，有人说这都是上一年冯大总统把中南海的水全部漉干，竭泽而渔，激怒了护海龙王，因此多日不雨以示警惩。这种谣言不久传到冯大总统耳朵里去，他虽不尽信，但内心也为之怵惕难安。那时北洋政府又正在闹穷，知道从元明以迄逊清，每逢帝后万寿或是皇储公主诞生举行祝寿汤饼庆典时，都要买上若干种鱼类，分别挂上龙纹凤彩大小赤金牌子，送到西海子太液池（中南海）放生。历代累积，系有金牌的鱼类，当然为数不少，于是跟德国一家打捞公司签订合约，委托打捞。政府的财源固然涸辙稍苏，而冯大总统自然也稍沾余润。可是这种风言风语，经报章杂志那么一渲染，加上各地报荒旱请救济的官文书源源而来，冯大总统当然也有点儿沉不住气，忐忑不安起来。

"政事堂有一位右丞向大总统献议，明清

两代每逢旱魃为虐，就请个铁牌到京西黑龙潭求雨，现在虽不应迷信神权，可是求雨之后，碰巧甘霖沛降，也可稍慰群众延颈举趾喁喁之望。这个建议虽获采纳，可是以堂堂元首之尊，居然如此迷信神权，未免有些踌躇起来。最后想出个两全之策，于是以循各地农民陈情，俯顺舆情为由，皇皇功令特派农商总长前往黑龙潭求雨。等公文送达农商部，偏偏当时农商总长是位维新人物，不信神权，可是府令难违，由部令指派技监朱晋（子明）代表与祭。朱是清末东陵种树大臣梁鼎芬的高徒，而且对明清两代祀典礼仪研究有素，这一指派，可以说派得其人。

"朱祭后谈说：'求雨铁牌是江西龙虎山第四十二代乾坤太乙真人张天师在元代求雨留下来的，一直供奉在大光明殿（明代万寿宫成祖的潜邸，嘉靖后改名大光明殿，成为专门设醮祈雨、降福消灾的道场），所有篆坛法器，幢旛帷幔，星羽辉煌，冠笏煜耀，肃穆壮观。不幸咸丰末年，户部一场大火，燃烧了三天三夜，把户籍档案全部烧光，多亏一场豪雨，才把大火扑灭。有人建议把龙虎山求雨铁牌请来镇压，于是张天师铁牌就移驾户部供奉起来了。民国肇建，旧户部衙门划归财政部所属各财税机关办公，供奉铁牌的小院，划归煤类特税局辖内，门扉深扃，积尘盈寸，已经鲜为人知。既然要到黑龙潭求雨，必须找到铁牌，护送到潭边祗祭。经多方察访，才把铁牌请出，由彩亭供奉，鼓乐引导径去黑龙潭。潭在西直门外三十余里冷泉村之北画眉山上，潭址广达七八十米。据说金代妇女拿潭边石头紫黛青螺当画眉笔使用，所以一泓潭水，看起来也是黑黯黯的。又说潭内潜藏着一条黑色巨龙，所以更增加了几分神秘恐怖之感。因为黑龙潭的水从未干涸过，也从未泛滥过，所以在西北山坡上盖了一座龙王庙。殿宇依山势而建，廊腰缦回，修柯戛云。北平专供龙王的庙宇极少，除了中南海的万善殿，就是颐和园的龙王堂，而且供的都是龙王神主，只有黑龙潭的龙王庙是塑像，铜冠绯氅，比南方龙王庙采用冕旒执圭，还要显得神武奇伟。早年庙里还有个庙祝叫高门斗，后来因为民初破除迷信，没了香火，他也就另谋生计，这次黑龙潭求雨，他居然赶回来应差。高门斗说光绪二十二年（1896年）曾经有过一次求雨祭典，一晃儿又是好几十年的事了。他听老辈人说，明代的严分宜（嵩）在明世宗时，曾奉派到黑龙潭求雨，将铁牌供在潭边拈香祝祷后，忽然一阵怪风吹落潭心，潭黑如墨，虽出重金，谁也不敢入潭捞取。现在这块龙象飞白的铁牌，已经不是天师府的故物了。在清代戴梓（文开）《耕烟随笔》中，有一则说到严嵩求雨铁牌坠落潭内，现有铁牌已非原物的记载。高门斗的话，倒也并非毫无根据的信口雌黄呢。这次祭潭求雨之后，过没几天，果然下了一场盈畴遍野的大雨，旱象昭苏，总算雨没白求。'"

这段故事说来已是半世纪以前的事了。

笔者在抗战之前去湖南醴陵，又赶上一档子求雨趣剧。那年当地大旱，大家把泥塑龙王神像从庙里抬出来满街游走，一面走一面往龙王身上泼凉水，一群小孩头戴柳树枝编的帽圈，敲锣打鼓，在前引导，后面跟着若干佛婆手里都拿着香，嘴里念念有词，也不知道她们念的什么经谶，跟人打听才知是求雨的行列。